U0163425

# 减糖料理

萨巴蒂娜◎主编

中国轻工业出版社

# 初步了解全书

这本书因何
而生

今天的营养学和时代一样快速进步和变化着，减糖饮食的理念正在影响着每一个人，提升蛋白质、降低碳水化合物的摄入量，是现代人新健康饮食观念的开端，这本书正是为帮助你实践这个理念而准备的。

很简单，一日三餐无非主食、配菜和饮品，所谓吃吃喝喝，也要有据可循。我们就按照最直观的主食、配菜、汤品饮品三大类划分了本书的章节。

此外，针对刚刚接触减糖饮食概念的人们，我们也在最前面解释了何为减糖饮食，以及原因、注意事项等内容，相信会对你有所帮助！

这本书都有
什么

别翻页，
还有——

除了常见的每道菜的参考热量，我们针对这本书的主题，还设计了其他三类不容忽视的营养素参考量标示——分别为碳水化合物、蛋白质、脂肪，让你对每道菜的营养成分能有更多参考。

轻快的淡绿色，
透露着健康活力

营养成分一目了然，
掌握你的热量摄入

精心挑选健康食
材，吃好每一餐

步骤简练，主题明确，没
有过多的赘述，一看就会

时间、难易度
清楚明了

为了确保菜谱的可操作性，
本书的每一道菜都经过我们试做、试吃，并且是现场烹饪后直接拍摄的。
本书每道食谱都有步骤图、烹饪秘籍、烹饪难度和烹饪时间的指引，确保你照着图书一
步步操作便可以做出好吃的菜肴。但是具体用量和火候的把握也需要你经验的累积。
书中部分菜品图片含有装饰物，不作为必要食材元素出现在菜谱文字中，读者可根据自
己的喜好增减。

# 减糖饮食让我快乐

2020年的春天，因为疫情的原因，集中的空闲时间比较多，我决定尝试低碳饮食，也就是减糖饮食。

其实我是一个超级喜欢"吃碳水"的人，饺子、面条、包子都是我最爱的膳食，大米饭、白米粥也是我的餐桌常客。

但是人生需要不断地挑战和尝试，于是我把"精制碳水"从我的餐单中去掉了，替换成豆制品、土豆、红薯、芋头、山药等杂粮。

我用小米面、绿豆面、黑豆面、栗子面做成小窝头，香甜柔软，每顿吃五个。我用土豆、无淀粉火腿、四季豆、洋葱、鸡蛋做主食沙拉，趁热吃，简直停不下来。我用芋头做粉蒸肉吃，粉用芋头蒸熟碾碎替代，肉的芳香和芋头的清香混合在一起，试试就知道有多美妙。买了青海的白藜麦，煮熟后做蛋炒饭，我认为不亚于东北大米。

一开始戒"高碳水"的时候，是有点困难的，总之每天哄着自己频繁换菜谱吃，一个月就适应了。一直坚持到了现在。

于我而言，减糖饮食带给我的好处颇多：减重10千克，发量增多，视力改善，血糖平稳，膝关节疼痛减轻，运动能力、耐力也大大增强，每天可以走一万五千步，丝毫不吃力。

虽然每个人的身体情况不尽相同，你如果采取减糖饮食未必可以获得和我一样的效果，但是我依然向你推荐营养密度更高、蛋白质含量更高、可以摄取更多优质蔬菜的减糖饮食。至少你可以先从适当减少"精制碳水"和不喝含糖饮料开始。

故有此书。

萨巴蒂娜
个人公众订阅号

萨巴小传：本名高欣茹。萨巴蒂娜是当时出道写美食书时用的笔名。曾主编过八十多本畅销美食图书，出版过小说《厨子的故事》，美食散文集《美味关系》。现任"萨巴厨房"主编。

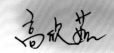
敬请关注萨巴新浪微博 www.weibo.com/sabadina

# 目 录
CONTENTS

第 一 章 主食类

魔芋酸辣粉·16

魔芋朝鲜冷面·18

番茄牛肉魔芋面·20

小炒牛柳魔芋面·22

凉拌蕨根粉·24

烤彩椒小番茄开放式
三明治·26

关晓彤同款蔬菜
三明治·28

牛油果班尼迪克蛋
开放式三明治·30

和风海苔虾滑蛋
开放式三明治·32

芦笋海虹意面·34

日式荞麦凉面·36

手撕鸡丝荞麦面·38

玉米面菜窝头·40

迷迭香烤小土豆·42

煎牛肉能量碗·44

泰式大虾能量碗·46

低脂烤燕麦饭·48

杂粮紫菜包饭·50

日式蛋包杂粮饭·52

牛油果豆腐拌饭·54

5

第  二 章 配菜类

# 第三章 汤品饮品类

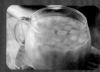

计量单位对照表

1 茶匙固体材料 = 5 克　　　1 汤匙固体材料 = 15 克

1 茶匙液体材料 = 5 毫升　　1 汤匙液体材料 = 15 毫升

# 减糖饮食
# 不盲目

**什么是减糖饮食**

减糖饮食，即低碳饮食。即在我们日常的三餐之中控制碳水化合物的摄入量，将每天的碳水化合物摄入总量减少，同时增加蛋白质的摄入量，并合理摄入脂肪。用大家都好理解的、更简单的方式来讲，就是少吃淀粉含量高的米、面，不摄取额外的添加糖，多吃富含蛋白质和脂肪的肉类，以及富含膳食纤维和维生素的绿叶蔬菜。如果要摄入碳水化合物，也尽量少吃精米、精面，换成豆类、小米、糙米、燕麦等粗粮。

**为什么要采取减糖饮食呢**

在我们摄入了大量的碳水化合物之后，血糖会产生较为明显的波动，长此以往，易引发糖尿病、肥胖、心血管疾病等一系列慢性病。如果每餐都能适量少吃碳水化合物，就有助于保持血糖的稳定与平衡。减糖饮食的好处不只是可以控制血糖，它还可以让我们的身体更容易达到燃脂状态，起到瘦身效果。

很多人认为减肥就是要少吃甚至不吃，希望通过节食的方式来减重，这是绝对不可取的。减糖饮食和低热量饮食是不一样的，减糖饮食是通过科学的饮食搭配，达到增强饱腹感、提升脑力、改善身体指标的多重小目标。每顿都有充足的蛋白质，那么既不用挨饿，也能拥有享受美食的满足感。

要做到减糖饮食首先就是要合理地限制碳水化合物的摄入量，我们不是一蹴而就地立刻拒绝食用一切含碳水化合物的食物，而是要合理地安排三餐食材。用循序渐进的方法，有意识地逐步少吃精米精面、少吃糖，用提升蛋白质摄入量以及合理摄入脂肪的方式，来增加饱腹感。

　　减糖饮食其实还有另一个不可忽视的优点，就是与同热量的高碳水饮食相比，其营养密度更高。简单来说就是：如果往常你一顿饭吃一个馒头、一盘蔬菜、一小份肉蛋可以吃饱，现在将馒头替换为小分量的低碳水食材（比如土豆），同时将肉蛋量增加，你同样可以吃饱，并且饱腹感更加持久，同时，你所吸收的营养（比如膳食纤维、矿物质、维生素等）要比高碳水饮食更丰富。

如果你想进行减糖饮食，一定会问"那我到底应该吃些什么呢？"

碳水化合物一般分成"可吸收碳水"与"不可吸收碳水"，可吸收碳水会对我们的血糖造成较为明显的波动。

我们日常家庭餐桌上经常能吃到的馒头、米、面、饼、油条、饺子皮等主食，就是典型的"可吸收碳水"；而也有很多食材富含膳食纤维，这些就属于"不可吸收碳水"。

比如红薯、南瓜、土豆、芋头、山药，虽然它们也含有碳水化合物，但作为蔬菜来说他们富含膳食纤维，比精米、精面的营养成分好多了，作为减糖饮食期间的主食替代品是完全没问题的。

如果你很爱吃水果，也要注意水果越甜，可吸收碳水越多，比如，葡萄、苹果、荔枝的可吸收碳水含量都很高，同时还会使血糖迅速升高。

各种不同的糖（白砂糖、冰糖、红糖、黑糖、葡萄糖浆、蔗糖、焦糖、蜂蜜、枫糖、乳糖、麦芽糖等）都算可吸收碳水。

想要进行减糖饮食还需要学会看食材包装上的营养成分标签，通常在食品外包装的营养成分表上，都会特别标示"碳水化合物"一栏，这一栏的数值越高，说明可吸收碳水越多。

Tips

在减糖饮食期间，因为主食、根茎类蔬菜、水果等食物的减少，会导致身体缺乏膳食纤维，从而产生一些口臭、便秘的问题。这个时候，千万不要忘记摄入大量绿叶蔬菜来保证膳食纤维及维生素的补充。在减糖饮食期间，多喝水也可以帮助身体加快新陈代谢，排出垃圾。

## 怎样逐步改变为减糖饮食

了解了关于减糖饮食的知识，相信你应该迫不及待地想要解锁减糖饮食的第一天了。不过别着急，在正式开始之前，你还有一些准备工作。首先请牢记减糖饮食的三项基本原则：吃什么？怎么吃？怎么做？

**原则一：** 每餐吃肉、蛋和新鲜绿叶蔬菜，尽量不吃例如罐头、火腿肠、丸子等加工食品。

**原则二：** 每餐先吃优质蛋白质食物（例如肉、蛋等），最后吃含少量碳水化合物的食物。

**原则三：** 每餐食材种类保持相对开放，烹饪方式尽量简单。

作为减糖饮食的基本原则，以上每一条都很重要。在这三条的基础上，可以无限发挥你的想象力，减糖饮食并不会单调而且还会很美味，让我们一起规划为期一个月的减糖饮食吧。

**第一周：** 这是需要做准备的一周，在这个阶段，你首先需要做的就是替换掉家中的高碳水食物，逐步降低每天的碳水化合物摄入量，并且你要全面戒除各种含糖的食物与饮料。

To Do List

1. 少吃或不吃家里的高碳水食物。
2. 尽量用适量红薯、南瓜、土豆、山药等粗粮食材替代主食。
3. 适量增加一些脂肪的摄入。
4. 适当散步并保持充足睡眠。

**第二周：** 尝试一周的减糖饮食后，在这一周你的身体可能会有些不适应，如果你格外地想念包子、面条、米饭这些高碳水食物，那么请再多吃些高蛋白质食物吧！

To Do List

1. 继续减少摄入碳水化合物，用少量红薯或南瓜替代主食。
2. 如果觉得饱腹感不强，多吃些高蛋白的肉类吧：牛肉、羊肉、猪肉、鱼类、贝类都可以。
3. 适量补充盐分和水分，增加身体的新陈代谢。
4. 不要剧烈运动，可以做些瑜伽伸展和拉伸动作。

**第三周~第四周：** 相信尝试两周的减糖饮食后，你已经逐渐掌握饮食要诀。现在的你已经可以根据身体的信号，调整出最适合你的碳水化合物量。这时爱瘦的你也可以搭配一些运动，说不定能锦上添花呢！

To Do List

1. 试着将主食换成魔芋、奇亚籽、豆类等碳水化合物含量更低的食材。
2. 增加每餐食材的种类，保持肉、蛋、菜的均衡摄入。
3. 保持营养均衡，可以选择柠檬、番石榴、柚子这些糖分含量低、维生素含量高的水果来补充身体所需。
4. 适量运动，慢跑、游泳、舞蹈等都可以尝试。

## 减糖饮食超市采购指南

在接触减糖饮食前，我们逛超市看到什么都想买，但翻翻配料表和营养成分表才发现大部分食材都不符合减糖饮食的需求，感觉到处都被高糖食物包围，没东西可以吃。照着这份采购指南，就不用担心在超市里手足无措了。

### 主食怎么选？

可以购买南瓜、山药、芋头、红薯，虽然这些也含有碳水化合物，但只要控制好量就可以放心吃。而且储存方式也很简单，不需要放冰箱，放在室内阴凉处就可以了。如果你实在很想吃米饭的话，少吃几口解馋就可以了，千万别照饱了吃哦！

### 零食怎么选？

减糖饮食也可以吃零食，只要选择无糖牛肉干、芝士、可可含量90%以上的黑巧克力就好，饮料也相应地选择无糖茶饮、黑咖啡即可。

### 糖怎么选？

家里所有的红糖、白糖、冰糖暂时打入冷宫，实在喜欢甜口的话，可以换成天然代糖。当你逐渐适应了减糖饮食之后，相信你对甜味就没有那么大欲望了。

### 水果怎么选？

只要是低糖水果，就可以放心吃，比如牛油果、番石榴、柚子、木瓜、草莓、桑葚等，水果黄瓜和圣女果也是不错的选择。榴梿、苹果、杧果的升糖指数较高，就控制一下嘴馋的自己吧。

第一章

主食类

健康餐也可以有滋有味

# 魔芋酸辣粉

 10分钟　🍴初级

吃腻了清淡的健康餐，嘴巴总想来点香香辣辣的过过瘾。一碗低热量又够"重口味"的魔芋酸辣粉，让人想连汤都喝光。

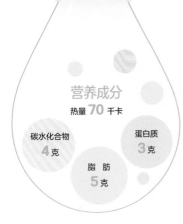

## 营养成分

热量 **70** 千卡

碳水化合物
**4** 克

蛋白质
**3** 克

脂肪
**5** 克

**主料：** 魔芋面200克 | 生菜3片
**辅料：** 小米椒3个 | 大蒜2瓣 | 盐适量 | 辣椒油1汤匙
陈醋3汤匙 | 生抽2汤匙 | 香菜2棵 | 小葱1棵
花椒粉1茶匙

# 做法

1 香菜、小葱、小米椒和大蒜洗净，切碎备用。

2 取一个较大的汤碗，调入辣椒油、花椒粉、陈醋、生抽和盐备用。

**烹饪秘籍**

袋装魔芋面中泡魔芋的液体里通常有氢氧化钙，所以食用前需要用流动的清水冲洗一下再下锅炖煮。

3 将魔芋面用清水冲洗一下，放入沸水中煮至水再次沸腾。

4 生菜洗净，放入锅中烫约10秒即可关火。

5 将煮好的魔芋面和生菜捞入汤碗中，再盛入适量煮魔芋面的热汤。

6 根据个人口味，撒上葱花、香菜、小米椒和蒜末。

# 魔芋朝鲜冷面

🕐 15分钟　🍴 初级

一碗冷面的灵魂就是它的汤。冷面汤是否好喝又爽口，是决定冷面好吃与否的关键。放入冰箱中冷藏过的冷面汤酸酸甜甜，足以消除夏日里心头的火气。

营养成分

热量 243 千卡

碳水化合物 20 克

蛋白质 16 克

脂肪 12 克

主料：魔芋面200克｜卤牛肉1块
辅料：黄瓜1/2根｜雪梨1/2个｜番茄1/2个
　　　白芝麻少许｜煮鸡蛋1个｜生抽1汤匙
　　　米醋2汤匙｜无糖雪碧少许｜盐适量
　　　辣白菜适量｜牛肉高汤适量

# 做法

1 番茄、黄瓜、雪梨洗净，将番茄切成薄片，黄瓜和雪梨切成细丝。

2 牛肉切成薄片，煮熟的鸡蛋对半切开备用。

3 取一个大碗，放入生抽、米醋、盐和雪碧，搅拌至盐完全化开。

4 在碗中加入适量牛肉高汤调成汤底，盖上保鲜膜后放入冰箱冷藏。

5 汤锅中加入清水，水沸后下入魔芋面煮至水再次沸腾。

6 将魔芋面捞出沥干，放入冷水盆中冷却。

7 将汤碗从冰箱中取出，待魔芋面冷却后沥干，即可放入汤碗中。

8 在碗中依次放上番茄片、黄瓜丝、雪梨丝、牛肉片和辣白菜，最后在中间放上鸡蛋、撒入芝麻，就可以食用了。

**烹饪秘籍**

朝鲜冷面筋道弹牙，魔芋面千万不能煮得太软，稍微烫一烫就可以捞出来。也可以在冷水中加入冰块，这样可以使魔芋面更筋道。

满足你想大口吃肉的需求

## 番茄牛肉魔芋面

 90分钟　　🍴 高级

一碗面做好，连肉带菜和主食都齐了，是最"懒人"的做法。不仅饱腹，营养也丰富，能满足你一天的能量需求。

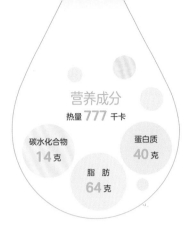

## 营养成分

热量 **777** 千卡

碳水化合物 **14**克

蛋白质 **40**克

脂肪 **64**克

主料：牛腩200克｜番茄3个｜魔芋面200克
辅料：食用油适量｜八角1个｜大葱1段｜大蒜3瓣
姜3片｜老抽1汤匙｜生抽1汤匙｜葱花少许
香菜少许｜盐适量

# 做法

1 牛腩洗净，用厨房纸巾吸干水分，切成大块备用。葱切长段，大蒜拍扁。

2 汤锅中加入足量水，将牛腩块冷水下锅，煮沸后捞出。

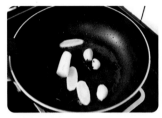

3 炒锅烧热，倒入适量油，将葱、姜、蒜和八角下锅，翻炒出香气。

4 牛腩下锅一同翻炒，倒入生抽和老抽，翻炒均匀后加入足量热水，慢慢炖煮约1小时。

5 番茄洗净去皮，切成大块，下锅，与牛腩一同炖至软烂。

6 牛肉快炖好时，另起一锅，将魔芋面煮熟。

7 煮好的魔芋面捞至碗内，浇上番茄牛腩浇头。

8 根据个人口味，酌情撒些盐和葱花、香菜即可。

**烹饪秘籍**

番茄皮不易炖烂，会影响口感，最好在下锅前去除。可在番茄顶端用小刀划一个"十"字，放入开水中焯约1分钟，取出放凉，就能很轻松地将番茄皮撕掉。

营养丰富一锅出

# 小炒牛柳魔芋面

🕐 30分钟　　🍴 中级

魔芋是一种很百搭的食材，对于有控糖需求的人士来说，魔芋面本身大大降低了热量和糖分的摄入，是理想的健康食材。

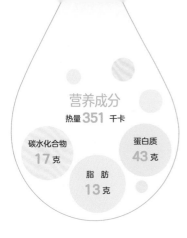

营养成分

热量 **351** 千卡

碳水化合物
**17** 克

蛋白质
**43** 克

脂 肪
**13** 克

主料：魔芋面200克｜牛里脊150克
辅料：食用油适量｜洋葱1/2个｜青椒1/2个｜鸡蛋1个
　　　淀粉少许｜生抽2汤匙｜老抽1/2汤匙｜盐适量
　　　现磨黑胡椒适量

# 做法

1 魔芋面用清水冲洗干净，沥干备用。

2 牛里脊洗净，用厨房纸巾吸干水分。

3 将牛里脊切成细丝，倒入生抽、老抽、淀粉和蛋清抓匀，腌制约15分钟。

4 洋葱和青椒切成细丝备用。

5 炒锅烧热，倒入适量油，将腌好的牛里脊滑入锅中，炒至变色后捞出。

6 利用锅中的底油，下入洋葱和青椒，翻炒出香气。

7 将炒好的牛柳和魔芋面下入锅中翻炒均匀。

8 根据个人口味用盐和现磨黑胡椒调味，即可关火。

**烹饪秘籍**

切牛肉之前要先观察纹理，逆着牛肉的纹理横向切可以把牛肉的纤维斩断，这样即使炒得略微久一点，嚼起来也不会太老。

酸辣开胃
# 凉拌蕨根粉

🕐 20分钟　🍴 中级

蕨根粉热量不高，用来凉拌口感爽滑，加上香醋的酸和小米椒的辣，让人胃口大开，晚餐就这么简单地解决吧。

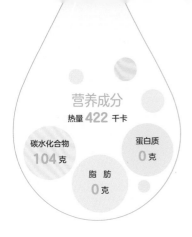

营养成分
热量 **422** 千卡

碳水化合物
**104** 克

蛋白质
**0** 克

脂肪
**0** 克

主料：蕨根粉120克
辅料：大蒜3瓣｜小米椒2个｜香菜1棵｜香醋2汤匙
生抽2汤匙｜香油少许｜盐1/2茶匙

# 做法

1 蕨根粉冷水下锅，水沸后再煮约8分钟。

2 煮好的蕨根粉捞出，放入凉开水中浸泡，放凉备用。

**烹饪秘籍**

这道凉拌蕨根粉的调味汁要比其他的凉菜多一些，能稍稍没过蕨根粉最好，这样味道才会充分浸入蕨根粉中，口感也更爽滑。

3 小米椒、大蒜和香菜分别洗净，切碎。

4 将香醋、生抽、盐、大蒜、小米椒和香菜末放入碗中，制成调味汁。

5 取出放凉的蕨根粉，沥干后放入碗中。

6 将调味汁倒在蕨根粉上，淋上几滴香油即可。

健康轻食

# 烤彩椒小番茄开放式三明治

🕐 30分钟　🥄 初级

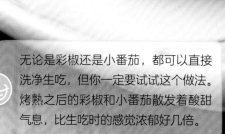

无论是彩椒还是小番茄，都可以直接
洗净生吃，但你一定要试试这个做法。
烤熟之后的彩椒和小番茄散发着酸甜
气息，比生吃时的感觉浓郁好几倍。

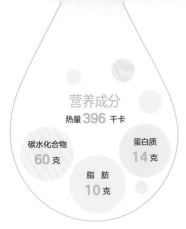

营养成分

热量 **396** 千卡

碳水化合物
**60**克

蛋白质
**14**克

脂肪
**10**克

主料：法棍面包1/2根｜小番茄适量｜黄彩椒1个
辅料：橄榄油适量｜迷迭香少许｜盐1茶匙
现磨黑胡椒适量｜希腊酸奶100克

## 做法

1 小番茄洗净去蒂，黄彩椒洗净后切成约1厘米宽的条。

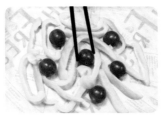

2 在烤盘上铺一张油纸，放入小番茄和黄彩椒。

3 将橄榄油、迷迭香、盐和现磨黑胡椒均匀地分布在烤盘里。

4 烤箱220℃预热，烘烤10~15分钟，取出翻拌一次，再放入烤箱烤约10分钟，小番茄的表皮裂开就可以了。

5 法棍面包切成约1厘米厚的片。

6 在面包上涂适量希腊酸奶，再放上适量烤好的小番茄及黄彩椒即可。

**烹饪秘籍**

希腊酸奶浓稠丰厚，比普通酸奶的蛋白质含量更高。也可以换成芝士，口感略有不同，但营养价值一样丰富。

# 关晓彤同款蔬菜三明治

 10分钟 　🍴 初级

用生菜叶代替面包作为三明治的最外层，避免了面包的升糖作用，做法既简单又好吃。快和女明星一起学做低脂健康餐吧。

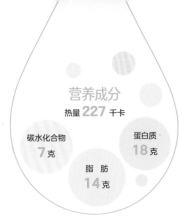

营养成分

热量 **227** 千卡

碳水化合物 **7** 克

蛋白质 **18** 克

脂肪 **14** 克

**主料：** 生菜3片｜鸡蛋1个

**辅料：** 橄榄油少许｜番茄1/2个｜三文鱼松适量

# 做法

1 生菜叶洗净，充分沥干，备用。

2 平底锅倒入少许橄榄油，将鸡蛋煎熟。

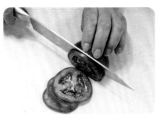

3 番茄洗净，横着切成薄片。

4 在桌面铺上保鲜膜，然后在保鲜膜中央放上两片生菜，用手稍稍压平。

5 将番茄片和煎蛋摆上，撒上适量三文鱼松。

6 在最上方盖一片生菜叶，然后将保鲜膜包裹紧实即可。

**烹饪秘籍**

如果担心市面上售卖的三文鱼松添加剂太多，可以自己买新鲜的三文鱼来制作。用柠檬片腌15分钟，放入锅中煮熟后捞出，将三文鱼肉放入研磨机打散，最后放入不粘锅炒干，便得到了健康无添加的三文鱼松。

完胜咖啡店

# 牛油果班尼迪克蛋开放式三明治

🕐 15分钟　　🥄 中级

班尼迪克蛋其实是美国一种早餐的名称，其中用到了松饼、水波蛋、培根和荷兰酱。水波溏心蛋可以说是其中的精髓，一口咬下去会流出鲜嫩的蛋液。

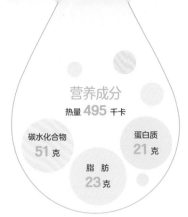

## 营养成分

**热量 495 千卡**

碳水化合物
**51** 克

蛋白质
**21** 克

脂 肪
**23** 克

**主料**：鸡蛋1个 | 牛油果1/2个
**辅料**：全麦面包1片 | 白醋2汤匙 | 现磨黑胡椒少许

# 做法

1 鸡蛋提前打入一个小碗中备用。

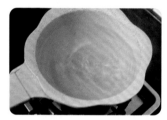

2 小汤锅中放入足量的水，加入白醋煮开后关火，用勺子顺时针搅拌几圈，形成漩涡。

**烹饪秘籍**

煮班尼迪克蛋的水中加一点白醋可以加速蛋白凝固，从而缩短鸡蛋的烹煮时间，也从另一方面保证了蛋黄的溏心效果。

3 轻轻放入鸡蛋，待漩涡停止后开小火，加热约4分钟。将鸡蛋捞出用厨房纸吸干表面水分备用。

4 牛油果剥去外皮，切成厚片。

5 将牛油果和鸡蛋依次摆在全麦面包上。

6 最后在鸡蛋最上方撒一些现磨黑胡椒即可。

用广式手法做西餐
# 和风海苔虾滑蛋开放式三明治

🕐 20分钟　　🍴 中级

虾仁滑蛋是广式招牌靓菜之一，蛋不要完全炒熟，保留一些略有些湿润的蛋液口感更好，"滑"字的精髓就在这里。

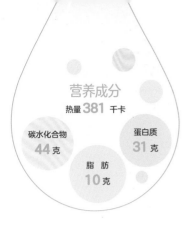

营养成分

热量 381 千卡

碳水化合物
44 克

蛋白质
31 克

脂肪
10 克

主料：大虾仁4只｜鸡蛋1个

辅料：全麦面包1片｜海苔碎少许｜料酒1汤匙
　　　盐少许｜白胡椒粉少许｜食用油适量

# 做法

1 虾仁对半剖开，去除虾线，用料酒、盐和白胡椒粉将虾仁腌制10分钟入味。

2 鸡蛋在碗中打散，使蛋清和蛋黄充分混合。

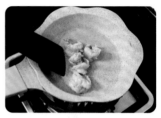

3 炒锅烧热，倒入适量油，大火将虾仁炒熟。

4 将虾仁沥干油汤，倒入盛有蛋液的碗中备用。

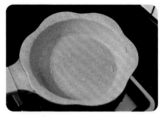

5 另起炒锅烧热，倒入适量油。转动锅体，使油充分分布在四周。

6 油热后将蛋液倒入锅中，调成中火。

7 不要立刻翻炒，待蛋液稍微凝固时，由外向内翻炒至有八成蛋液凝固即可关火，用余温炒熟。

8 将炒好的虾仁滑蛋放在全麦面包上，撒上少许海苔碎即可。

烹饪秘籍

白胡椒粉和虾仁很搭，白胡椒香味稍淡，辣味更浓，能够提鲜，适合做汤也适合与海鲜搭配。黑胡椒则香味更浓，更适合肉菜。

清淡一些也挺好

# 芦笋海虹意面

🕐 30分钟　　🍴 中级

如果你问我什么蔬菜和意面最配，除了番茄那就一定是芦笋了。柔嫩的芦笋不适合用中式的方法烹饪，大火猛炒再加上过多的调料会让它失去风味，简单煎一下用来佐餐才是最合适的。

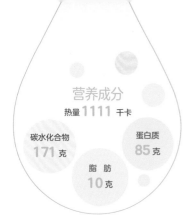

营养成分

热量 **1111** 千卡

碳水化合物
**171** 克

蛋白质
**85** 克

脂肪
**10** 克

主料：海虹6只｜意大利面1小把｜芦笋5根
辅料：蒜末1汤匙｜橄榄油适量｜白葡萄酒1小杯
盐适量｜现磨黑胡椒少许｜柠檬1/4个

# 做法

1 海虹洗净沥干。芦笋洗净，切去老根，剥去外皮备用。

2 炒锅烧热，倒入适量橄榄油，放入芦笋，煎至变色即可盛出。

3 利用锅底的余油，下入蒜末，炒出香气。

4 倒入海虹，淋入白葡萄酒，撒上适量盐，盖上锅盖，小火焖煮至海虹开口。

5 另起锅，加入足量水和1茶匙盐煮沸，下入意大利面，继续煮8~10分钟。

6 将意面捞出，盛入海虹的锅中翻拌一下。如果太干的话，可以倒入一点煮意面的面汤。

7 把翻炒好的意面和海虹盛入盘中，摆上煎好的芦笋。

8 根据个人口味撒入现磨黑胡椒，挤上柠檬汁即可。

**烹饪秘籍**

芦笋的根部通常比较老，可以左右手各握着芦笋的两端，轻轻向下压，中间折断的地方通常就是分界点，只留上方较嫩的一段就可以了。

清爽不长肉

# 日式荞麦凉面

🕐 15分钟　🍴 初级

荞麦看起来很低调，它从不张扬它那顺滑、弹牙的口感，也不自夸其所含的丰富营养元素。总是安安静静的，却受到了大众欢迎。

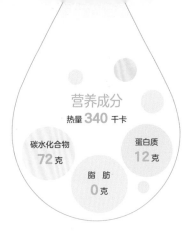

营养成分

热量 **340** 千卡

碳水化合物 **72**克

蛋白质 **12**克

脂肪 **0**克

**主料：** 荞麦面100克
**辅料：** 葱白少许 | 日式酱油2汤匙 | 芥末少许
海苔丝少许 | 熟白芝麻1茶匙

# 做法

1 锅中加入适量水煮沸，下入荞麦面煮5分钟。

2 煮好后捞出，放入冰水降温，不时用筷子翻动面条，彻底变凉后捞出，沥干。

**烹饪秘籍**

煮荞麦面时，可以在水沸后倒入小半碗凉水，待水沸后再重复一次即可。这样可以使面的口感更好，而且面条不易结块。

3 将荞麦面堆成小山的形状，在最上方撒海苔丝和熟白芝麻。

4 葱白洗净，切碎，放入准备制作调味汁的小碗中备用。

5 小碗中加入日式酱油，有条件的可以加2块冰块，不仅可以给调味汁降温，还可以稀释酱油的咸度。若没有冰块，用少量纯净水代替即可。

6 调味汁中按个人口味加入芥末，随荞麦面一起上桌蘸食即可。

# 低热量又饱腹

## 手撕鸡丝荞麦面

🕐 30分钟　　🍴 中级

陕北地区土地贫瘠，不适合种小麦却适合荞麦生长，所以荞麦面是陕北地区最受欢迎的食物之一。荞麦面中含有对人体有益的油酸、亚油酸，膳食纤维是米和面粉的八倍之多，对身体大有裨益。

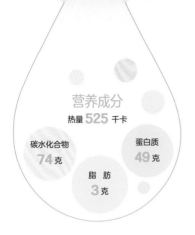

## 营养成分

热量 **525** 千卡

碳水化合物 **74** 克

蛋白质 **49** 克

脂肪 **3** 克

**主料：** 荞麦面100克 | 鸡胸1小块

**辅料：** 黄瓜1/2根 | 盐1/2茶匙 | 生抽2汤匙 | 蚝油少许
姜2片 | 料酒2汤匙 | 醋2汤匙 | 蒜末少许
白芝麻少许

# 做法

1 鸡胸洗净，冷水下锅，锅中放入姜片和料酒，大火煮沸后转中火煮8～10分钟，筷子插入鸡胸肉没有血水渗出即可。

2 将鸡胸沥干，放凉，撕成鸡丝备用。

## 烹饪秘籍

喜欢吃辣的话，可以在调味汁中放上一些辣椒酱或油泼辣子，这样拌出来的荞麦面更具有成都名菜鸡丝凉面的热辣风味。

3 另起一锅水煮沸，下入荞麦面煮熟。煮好的荞麦面捞出过凉水，彻底凉透后沥干。

4 黄瓜洗净，用工具擦成细丝。

5 生抽、蚝油、醋、蒜末、盐放入小碗中，加入少许清水制成调味汁。

6 把荞麦面、黄瓜丝和鸡丝摆放在盘中，淋上调味汁，再撒上白芝麻即可。

吃点粗粮很有必要

# 玉米面菜窝头

🕐 70分钟　　🥄 高级

小时候对于野菜没什么概念，姥姥采回来烫一烫就做成了野菜窝头，现在野菜不好找，买些芹菜叶、红薯叶或者茼蒿来替代也不错。

## 营养成分

热量 274 千卡

碳水化合物 **59** 克

蛋白质 **9** 克

脂 肪 **2** 克

**主料：** 玉米面40克 | 普通面粉30克
**辅料：** 盐1/2茶匙 | 小苏打粉1/2茶匙 | 芹菜叶适量

# 做法

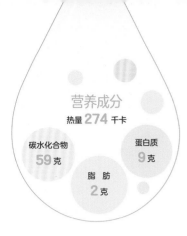

1 芹菜叶洗净，下入沸水中焯至变色后捞出冷却。

2 挤去芹菜叶中多余的水分，切碎。

3 将玉米面、普通面粉、盐和小苏打粉放在一个小盆中，混合均匀。

4 把芹菜碎也放入盆中，用筷子拨散。

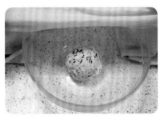

5 少量多次加入适量温水，揉成软硬适中的面团，盖上湿布醒约20分钟。

6 取出醒好的面团，不用揉，直接搓成直径约5厘米的长条。

7 将面团分割成适宜的大小，团成顶部尖尖、底部内凹的窝头形状。

8 蒸锅中加入足量水，凉水上锅将菜窝头大火蒸20分钟，然后关火闷3分钟即可出锅。

**烹饪秘籍**

和面的时候将温水少量多次加入，以防水加多了导致面团太软，从而使蒸好的窝头塌陷。

与冬天最登对

# 迷迭香烤小土豆

🕐 40分钟　🍴 初级

用土豆代替米面作为主食，不喧宾夺主但是足够美味又快捷。给复杂的主菜留出充足的烹饪时间。

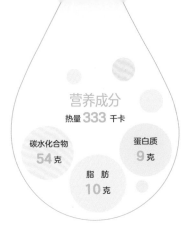

营养成分

热量 **333** 千卡

碳水化合物 **54** 克

蛋白质 **9** 克

脂肪 **10** 克

主料：小土豆300克

辅料：盐1茶匙｜橄榄油1汤匙｜现磨黑胡椒少许
迷迭香5克

# 做法

1 小土豆洗净不要去皮，体积较大的小土豆一切为二，个头较小的可以不切开。

2 在烤盘上铺一层锡纸，然后均匀地刷上一层橄榄油。

**烹饪秘籍**

烤土豆的时间长短可以根据土豆的大小进行调整，将烤盘取出，用牙签插入土豆中，若没有硬心就说明烤熟了，若有硬心的话可以再放入烤箱适当延长烘烤时间。

3 迷迭香切碎，取一个较大的碗，放入小土豆、迷迭香碎、盐和现磨黑胡椒，翻拌均匀。

4 将小土豆横切面朝下摆入烤盘，个头小的土豆均匀摆放在烤盘上即可。

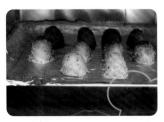

5 烤箱220℃预热，将烤盘放入中层，上下火烤约20分钟。

6 小土豆表面变成金黄色后，取出翻面，再放入烤10分钟即可取出。

营养从早餐开始

# 煎牛肉能量碗

🕐 45分钟　　🥄 高级

鹰嘴豆富含膳食纤维和蛋白质，升糖指数也很低，受到有减脂健身需求人群的青睐。不仅可以作为主食的替代品，还可以用来抹吐司、拌沙拉。

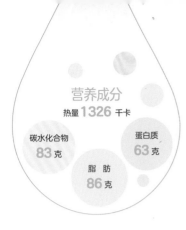

**营养成分**

热量 **1326** 千卡

碳水化合物 **83**克

蛋白质 **63**克

脂肪 **86**克

主料：牛排200克｜干鹰嘴豆150克

辅料：紫甘蓝1/4个｜生菜2片｜腰果少许｜盐少许

巴旦木少许｜葡萄干少许｜柠檬1/4个

橄榄油适量

# 做法

1 鹰嘴豆提前用清水浸泡一夜，泡软备用。

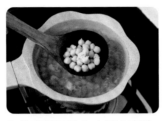

2 将鹰嘴豆放入小锅中煮熟，可以用指甲轻松掐开时便可盛出。

3 取一个大盆加入足量清水，不断揉搓豆子，洗去外皮。

4 将鹰嘴豆放入料理机，加入少许盐和柠檬汁搅打成鹰嘴豆泥。如果觉得太干，可以加入一点煮豆子的水进行调节。

5 平底锅烧热，淋入橄榄油，放入牛排煎熟。

6 紫甘蓝和生菜叶洗净沥干，撕成适口大小的片。

7 将做好的鹰嘴豆泥作为基底，摆放在碗中央，周围配上紫甘蓝和生菜叶。

8 牛排切成约一指宽的长条也放入碗中，最后撒入腰果、巴旦木和葡萄干即可。

**烹饪秘籍**

煎牛排前，可以用盐和现磨黑胡椒给牛肉来个"全身按摩"，提前将牛排腌制15分钟，入味后再煎风味更佳。

# 泰式大虾能量碗

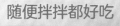

🕐 35分钟　　🍴 中级

泰式餐食特有的酸甜清新不仅让人很
清爽，也让肠胃无负担。柚子不仅
水分多，糖分也比较低，是很健康的
食材。

46

## 营养成分

热量 **350** 千卡

碳水化合物 **17**克

蛋白质 **38**克

脂肪 **16**克

主料：红柚1/4个｜虾仁300克｜荷兰黄瓜1根

辅料：橄榄油适量｜柠檬1/4个｜鱼露1汤匙｜大蒜2瓣
薄荷叶少许｜花生米2汤匙｜盐少许｜青柠2个
小米椒1个｜泰式甜辣酱少许｜洋葱1/4个

# 做法

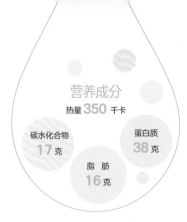

1 红柚剥去外皮和白色薄膜，将果肉部分放入冰箱冷藏一会儿口感更好。

2 洋葱切细丝，小米椒和大蒜切碎，黄瓜切薄片。

3 炒锅烧热，不用放油，小火将花生米焙熟。

4 花生米取出冷却，去除外层的红皮后碾碎。

5 大虾洗净去壳，挑去虾线。加盐腌15分钟。

6 锅中淋入少许橄榄油，将腌好的虾仁两面煎香，起锅待用。

7 小碗中加入鱼露、泰式甜辣酱、蒜末、小米椒，加入少许清水搅拌后，挤入青柠汁和柠檬汁。

8 沙拉碗中放入红柚、虾仁、薄荷叶、黄瓜片、洋葱丝，淋上做法7的酱汁即可。

**烹饪秘籍**

薄荷叶清洗干净后，在手掌中用力拍几下，可以令薄荷叶中的芳香物质快速释放出来。也可以将薄荷叶切成细丝一起拌入沙拉中食用。

吃得饱很重要

# 低脂烤燕麦饭

🕐 35分钟　🍳 初级

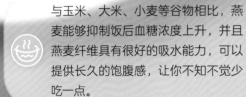

与玉米、大米、小麦等谷物相比，燕麦能够抑制饭后血糖浓度上升，并且燕麦纤维具有很好的吸水能力，可以提供长久的饱腹感，让你不知不觉少吃一点。

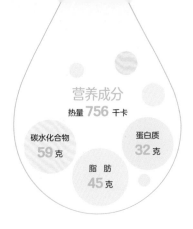

营养成分

热量 **756** 千卡

碳水化合物
**59** 克

蛋白质
**32** 克

脂 肪
**45** 克

主料：燕麦片40克｜牛奶1/2杯｜鸡蛋1个
辅料：香蕉1根｜坚果碎少许

# 做法

1 香蕉剥去外皮，取一小段
切成0.5厘米厚的圆片。

2 将剩余的香蕉放入碗中，
压成香蕉泥。

**烹饪秘籍**

烤燕麦饭可以根据手边现有
的食材随意搭配，想吃甜的
就放些水果或南瓜，想吃咸
的可以放上培根和芝士，随
意搭配的食材可能会有意想
不到的效果。

3 把燕麦片、鸡蛋和牛奶也
放入碗中，充分搅拌均匀。

4 将燕麦片糊倒入烤盅里，
摆上香蕉片作为装饰。

5 烤箱预热至180℃，放入烤
盅烤约20分钟。

6 取出烤好的燕麦饭，撒上
少许坚果碎即可。

美味不变，营养满分

# 杂粮紫菜包饭

🕐 65分钟　　🍴 中级

小米含有丰富的胡萝卜素；紫米富含钙、铁、锌和花青素；燕麦含有膳食纤维和亚油酸，对便秘有很好的改善作用。多吃杂粮可以平衡膳食结构，对身体益处多多。

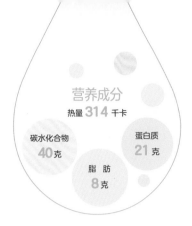

营养成分

热量 **314** 千卡

碳水化合物
**40**克

蛋白质
**21**克

脂肪
**8**克

**主料：** 糙米10克｜紫米10克｜燕麦5克｜大米5克
小米5克｜藜麦5克

**辅料：** 紫菜1张｜胡萝卜1/2根｜黄瓜1根｜鸡蛋1个
肥牛卷50克｜菠菜1棵｜香油1汤匙｜盐适量
食用油少许｜生抽适量

# 做法

1 将糙米、紫米和藜麦提前用清水浸泡约1小时，备用。

2 将所有主料放入电饭煲，拌匀，加水，蒸成杂粮饭后，淋1汤匙香油，拌匀后放至室温。

3 胡萝卜和黄瓜用工具擦成细丝，加少许盐，腌制约10分钟，将多余的水分挤出。

4 菠菜洗净，焯水后过凉水备用。

5 炒锅烧热后淋入少许油，将肥牛卷炒熟，撒入适量盐和生抽调味。

6 鸡蛋在碗中打散，下入锅中煎成蛋饼。蛋液凝固后取出，切成约一指宽的长条。

7 在紫菜较为粗糙的一面均匀铺一层薄薄的杂粮饭，用锅铲压实。杂粮饭铺满4/5的位置即可，顶端留一点空间。

8 在最下端铺胡萝卜丝、黄瓜丝、菠菜叶、肥牛卷和鸡蛋，自下而上将紫菜卷紧。将紫菜包饭切成约一指宽的段即可。

**烹饪秘籍**

紫菜包饭好吃的秘密在于，饭要尽量少，料要尽量足。蔬菜一定要经过处理挤出多余的水分，这样才不会吃起来水淋淋的。

日料店中经久不衰

# 日式蛋包杂粮饭

🕐 35分钟　　🍳 中级

🍲 蛋包饭有很多种，本款可以说是老少咸宜的基础款做法，蛋皮容易成形，保证你不会翻车。

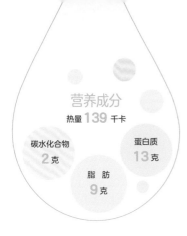

营养成分

热量 **139** 千卡

碳水化合物 **2** 克

蛋白质 **13** 克

脂肪 **9** 克

**主料**：鸡蛋2个 ┃ 杂粮饭1碗
**辅料**：盐1/2茶匙 ┃ 番茄酱少许 ┃ 橄榄油少许

# 做法

1 两个鸡蛋打入碗中，加入少许盐搅拌均匀，充分打散，使蛋清、蛋黄完全混合在一起。

2 平底不粘锅烧热，淋入橄榄油后晃动锅体，使油均匀地分布在锅底。

3 将蛋液倒入锅中，迅速旋转锅体，让蛋液均匀地附着在锅底形成一个厚度均匀的圆饼，小火加热。

4 当底部的蛋液凝固、上方蛋液还没有完全凝固时，放入杂粮饭。

5 尽量在不破坏蛋饼的基础上，用锅铲将杂粮饭整理成中间略宽、两端略窄的橄榄形。

6 用锅铲小心地掀起蛋饼边缘，将蛋饼的两侧向中间折叠。

7 找一个大小合适的盘子反扣在锅中，翻转锅体将蛋包饭转移到盘里。

8 将番茄酱挤在蛋包饭表面，做出装饰图案即可。

**烹饪秘籍**

制作蛋包需要全程保持中小火，这样受热均匀也不易将蛋皮烧煳变黑。时刻注意着火候，切记慢工出细活。

口感绵密

## 牛油果豆腐拌饭

🕐 10分钟　　🍴 初级

**主料：** 牛油果1/2个 | 嫩豆腐少许

**辅料：** 糙米饭1小碗 | 海苔丝少许 | 白芝麻少许
日式酱油1汤匙

营养成分　热量 **418** 千卡

| 碳水化合物 | 脂肪 | 蛋白质 |
| :---: | :---: | :---: |
| **38** 克 | **25** 克 | **14** 克 |

懒得开火又想吃得健康，那就吃拌饭吧。
牛油果和嫩豆腐的口感都是顺滑软嫩的，
拌匀后包裹着糙米可以极大程度上中和它
粗糙的口感。

# 做法

1 牛油果剥去外皮，切成约1厘米厚的片。

2 嫩豆腐用厨房纸巾吸干表面的水分，也切成约1厘米厚的片。

3 将一片牛油果和一片嫩豆腐相互间隔摆放在糙米饭上。

4 淋上1汤匙日式酱油，撒上白芝麻和海苔丝即可。

**烹饪秘籍**

糙米饭、杂粮饭、藜麦饭都可以用来做这款拌饭，若不想吃剩下的冷饭，将其放到微波炉里热上1分钟就可以了。

# 丰收的秋天

## 大丰收

🕐 40分钟　🍴 初级

**主料：** 玉米1根 | 手指胡萝卜适量 | 小土豆少许
山药1/4根

**辅料：** 新鲜花生200克 | 盐2茶匙

**营养成分** 热量 **1020** 千卡

| 碳水化合物 | 脂肪 | 蛋白质 |
| --- | --- | --- |
| **110** 克 | **52** 克 | **38** 克 |

> 天然的食材只需要最简单的烹饪方式，每一口都是食材本身的甘甜和醇厚，这也是秋天与自然的味道。

## 做法

1 玉米洗净切成约5厘米的段，山药洗净不需要去皮也切成长段。

2 小土豆和胡萝卜洗净表皮的泥土，沥干。

3 蒸锅底部放足量清水，放入花生和盐，大火蒸约20分钟。

4 将玉米、胡萝卜、小土豆和山药放入蒸屉，蒸约15分钟即可关火。

## 🍲 烹饪秘籍

蒸出来的食材水分充足，口感也比较绵软。也可以用锡纸将玉米、胡萝卜、小土豆和山药分别包起来，放入烤箱中烤20～30分钟，烤出来的"大丰收"口感更干燥、有嚼劲。

低碳水，低热量
# 花菜无米蛋炒饭

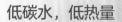

🕐 20分钟　　🍴 初级

每100克花菜的热量仅25千卡，几乎是米饭热量的1/5，而花菜的膳食纤维含量则是米饭的3倍。花菜炒饭不仅可以摄取更多营养，也能避免摄入过多的淀粉和热量。

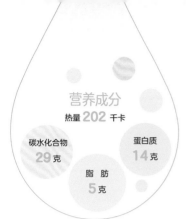

## 营养成分

热量 **202** 千卡

碳水化合物 **29** 克

蛋白质 **14** 克

脂 肪 **5** 克

**主料：** 花菜1/2个 | 玉米粒少许 | 洋葱1/4个
荷兰黄瓜1/2根 | 胡萝卜1/4个 | 鸡蛋1个

**辅料：** 小米椒1个 | 盐适量 | 现磨黑胡椒适量
橄榄油2汤匙

# 做法

1 荷兰黄瓜、胡萝卜和洋葱洗净，切成1厘米见方的小丁，小米椒切碎。

2 用刀耐心地将花菜顶端的颗粒一点点切下来，花菜梗弃掉不用。

**烹饪秘籍**

这道菜没有什么难度，只要把普通蛋炒饭中的米饭换成花菜就可以了。如果觉得将花菜一点点切碎很麻烦，可以试着用家中的料理机或婴儿辅食机打碎，会更方便。

3 不粘锅烧热，淋入1汤匙橄榄油，磕入1个鸡蛋，炒碎、炒香。

4 将鸡蛋盛出，再次淋入1汤匙橄榄油，将洋葱和小米椒炒出香气。

5 荷兰黄瓜、胡萝卜和玉米粒也下入锅中翻炒几分钟。

6 下入花菜碎和鸡蛋碎，继续翻炒约2分钟，闻到香气溢出即可根据个人口味调入盐和现磨黑胡椒，拌匀即可出锅。

# 火遍全球的生活方式

## 隔夜燕麦杯

🕐 20分钟　　🍴 初级

**主料：** 燕麦片30克 ｜ 牛奶100毫升

**辅料：** 香蕉1/2根 ｜ 葡萄干少许 ｜ 坚果碎少许

**营养成分**　热量 **721** 千卡

| 碳水化合物 | 脂肪 | 蛋白质 |
|---|---|---|
| **72** 克 | **39** 克 | **24** 克 |

目前最流行的营养健康餐非隔夜燕麦莫属了，只需在临睡前，将所有材料混合好后放入冰箱密封冷藏一整夜，早上起来即可得到一份美味营养餐。

## 做法

1 葡萄干洗净灰尘，用厨房纸巾吸干水分。

2 香蕉剥去外皮，切成薄片。

3 梅森杯依次放入燕麦片、葡萄干、牛奶和香蕉，盖好冷藏一夜。

4 燕麦片充分吸收牛奶膨胀变软，食用前取出梅森杯，打开盖子放入坚果碎即可。

### 烹饪秘籍

肠胃不好、想吃点热的也没关系，提前将隔夜燕麦杯取出放至室温，或者放入微波炉加热30秒就可以了，这样对肠胃不会有刺激。

高蛋白低碳水

# 虾仁豆腐煎饼

🕐 25分钟　🍴 初级

**主料:** 大虾200克 | 北豆腐300克
**辅料:** 玉米粒适量 | 面粉1汤匙 | 盐少许 | 橄榄油少许

**营养成分**

热量 **500** 千卡

碳水化合物 **18** 克

蛋白质 **49** 克

脂肪 **27** 克

## 做法

1 大虾取虾仁，切碎。

2 豆腐用勺子压碎。

3 将虾仁碎、豆腐碎和玉米粒放入碗中，压碎并拌匀。

4 加入少许盐进行调味，然后加入面粉，让虾饼更容易成形。

5 平底锅加少许橄榄油，盛入适量做法4的虾仁豆腐糊，摊成巴掌大小的饼。

6 一面煎至金黄定形后，翻面煎至熟透为止。

外香内滑，营养均衡，集玉米的香、豆腐的滑、虾仁的弹牙于一体，可以说是色、香、味俱全的一道主食。

**烹饪秘籍**

做豆腐煎饼需要买北豆腐，也叫老豆腐，其水分含量适中，软硬正好，这样做出来的虾饼更容易成形，不会一翻就散。

带上它去野餐

# 墨西哥鸡肉卷

⏱ 40分钟　🍴中级

卷饼是最有代表性的美式墨西哥菜，虽然看起来有点复杂，其实做起来一点也不难。最重要的是，想吃什么食材尽情卷起来就好了，带出门去野餐也很方便。

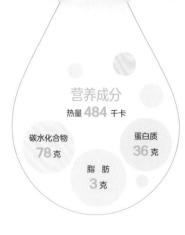

## 营养成分

热量 **484** 千卡

碳水化合物 **78** 克

蛋白质 **36** 克

脂肪 **3** 克

**主料：**中筋面粉80克｜全麦面粉20克｜煎鸡胸1块
苦菊适量｜生菜适量

**辅料：**酵母1克｜盐1克｜清水60毫升｜橄榄油少许

# 做法

1 将中筋面粉、全麦面粉、酵母、盐、橄榄油和清水混合在一起，揉成均匀的面团，盖上保鲜膜或湿布，在室温下静置15分钟。

2 取出面团再揉一次排气，分割成3等份后滚成圆形的面团，盖上保鲜膜或湿布，再次静置约15分钟。

3 在台面上撒少许面粉，将小面团依次擀成面饼。尽量擀得薄一些，大小和6英寸盘子差不多就可以了。

4 平底不粘锅烧热，不用放油，将面饼放入烙至中间鼓起泡，翻面烙熟即可。

5 将煎鸡胸切成手指粗细的条。

6 苦菊和生菜洗净，沥干，一片片择下。

7 取一张全麦饼放在盘子上，依次摆上鸡胸肉、苦菊和生菜叶。

8 将饼皮卷起来，外层用一张尺寸合适的油纸卷好即可。

**烹饪秘籍**

墨西哥饼皮做好后一次吃不完可以放入保鲜袋中冷藏保存，第二天上锅蒸2分钟就能变软了。

**蛋白质宝库**

# 牛油果烤鸡胸 Taco

🕐 35分钟　🍴 中级

Taco是墨西哥人的主食，街头路边的小摊上随处可以见到烘好的手掌大的Taco，做早午餐或晚餐都很合适。

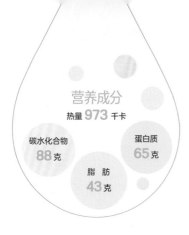

营养成分
热量 **973** 千卡

碳水化合物
**88**克

蛋白质
**65**克

脂肪
**43**克

**主料：** Taco饼两张 | 牛油果1个 | 鸡胸1块
**辅料：** 圣女果3个 | 紫洋葱少许 | 盐1茶匙
黑胡椒粉少许 | 花椒油1汤匙

# 做法

1 圣女果、紫洋葱洗净，切成小块备用。

2 牛油果对半切开，去核后用勺子挖出果肉压碎成泥。

3 鸡胸用花椒油、盐和黑胡椒粉腌制入味，放入烤箱200℃烤约20分钟。

4 鸡胸烤熟后切成适口大小，备用。

5 Taco饼放入尺寸合适的烤碗中，两个饼挤在一起压成U形，放入烤箱中180℃烤5分钟后，取出冷却定形。

6 将圣女果、紫洋葱、鸡胸肉和牛油果泥混合在一起拌匀。

7 把混合好的馅料填入烤好的Taco饼里即可。

**烹饪秘籍**

烤成贝壳状的饼有个专门的名字叫"Taco Shell"，更便于填入馅料，拍出的照片也更好看。如果赶时间嫌麻烦，饼皮不烤也罢，用普通的卷饼即可。

热辣墨西哥

# 经典牛肉 Taco

🕐 25分钟　🍴 中级

 墨西哥Taco饼大多由玉米面或全麦面做成，用来包裹的食材其实也并不局限，粗粮加"蛋白质"就是很好的一餐。

## 营养成分

热量 **909** 千卡

碳水化合物 **18** 克

蛋白质 **45** 克

脂肪 **73** 克

**主料：** 牛肉250克 | 黄彩椒1/4个 | 红彩椒1/4个
绿彩椒1/4个

**辅料：** 白洋葱1/2个 | 辣椒粉1茶匙 | 黑胡椒粉1茶匙
盐1茶匙 | 橄榄油少许

# 做法

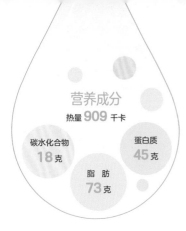

1 彩椒和白洋葱洗净，分别切碎。

2 逆着牛肉的纹理，将其切成细丝。

3 炒锅烧热，倒入少许橄榄油，放入洋葱碎，炒出香气后盛出备用。

4 用锅中的底油将牛肉丝炒至断生，放入辣椒粉、黑胡椒粉和盐进行调味。

5 关火后放入彩椒碎和炒熟的洋葱碎，翻拌均匀。

6 饼皮放入烤箱中，180℃烤5分钟后，取出冷却定形，填入炒好的牛肉馅料即可。

## 烹饪秘籍

喜欢吃辣的话，可以每个 Taco 的最上面淋一些墨西哥辣椒酱，热辣的牛肉Taco一定会让你胃口大开。

奇妙的东方风味
## 紫苏煎虾饼

🕐 30分钟　🍴 初级

虾仁富含优质的蛋白质，加了点紫苏提香实在太好吃了！如果是不粘锅，甚至可以一滴油都不放，绝对低脂肪。

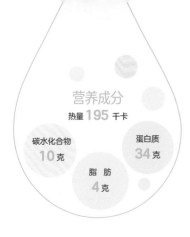

营养成分

热量 195 千卡

碳水化合物
10 克

蛋白质
34 克

脂 肪
4 克

主料：大虾300克 | 紫苏叶适量

辅料：盐1茶匙 | 淀粉1汤匙 | 食用油少许
白胡椒粉少许

# 做法

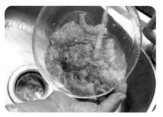

1 大虾掐头去尾剥壳，用清水反复冲洗去虾仁上的黏液，沥干备用。

2 用刀将虾仁拍松，然后用刀将虾刮成粗粗的虾泥。

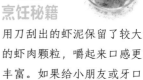

烹饪秘籍

用刀刮出的虾泥保留了较大的虾肉颗粒，嚼起来口感更丰富。如果给小朋友或牙口不好的老人吃，可以用料理机将虾肉打得更碎。

3 取一个较大的平盘，放入虾泥、盐、白胡椒粉和淀粉，抓匀直至上劲。

4 紫苏叶一片片择下洗净，切成细丝。

5 将紫苏叶与虾泥混合均匀。

6 平底不粘锅倒入少许油，盛入适量紫苏虾泥，压成饼状，两面煎熟即可。

来自东南亚的招牌味道

# 越南春卷

🕐 25分钟　🍴 初级

越南春卷皮是用米浆做成的，可以包裹各种清爽的食材。既不用加热也不用冷藏，简简单单，薄若无物，低糖低脂又美味。

Pineapp

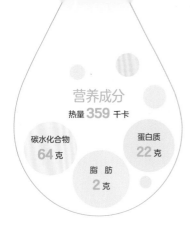

## 营养成分

热量 **359** 千卡

碳水化合物
**64**克

蛋白质
**22**克

脂肪
**2**克

**主料：** 越南春卷皮1袋｜杧果1个｜虾仁12只
**辅料：** 紫甘蓝1/4个

# 做法

1 将杧果去皮，切成约1厘米粗细的长条，紫甘蓝切细丝。

2 虾仁挑去虾线，放入沸水中烫熟后，捞出放凉备用。

3 取一只大碗，倒入约50℃的温水，将春卷皮放入温水中浸泡五六秒后取出，轻轻甩掉多余的水分。

4 将泡软的春卷皮平铺在一个大盘子上，在春卷皮的下半部分摆上适量的紫甘蓝丝和杧果条。

5 拉起最底部的春卷皮，将紫甘蓝丝和杧果条紧紧地卷起来。

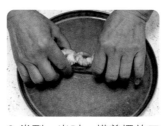

6 卷到一半时，横着摆放三个虾仁，然后将两侧的春卷皮向内折叠，卷紧即可。

## 烹饪秘籍

泡过温水的春卷皮会有黏性，如果春卷相互接触到就会粘连在一起。如果做好的春卷不立即食用的话，可以用保鲜膜将每个春卷独立包裹好，这样不仅可以保持春卷皮的水润，还可以防止粘连。

在家里做天津名吃
## 绿豆面鸡蛋煎饼

⏱ 15分钟　　🔨 初级

淡淡的绿豆清香仿佛春的气息迎面而来，在家做的煎饼外软内香，就算没有薄脆和油条，也能让家人吃得停不下来，一切为了健康出发！

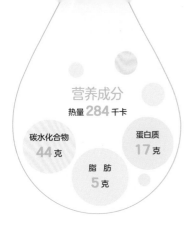

## 营养成分

**热量 284 千卡**

碳水化合物 **44** 克

蛋白质 **17** 克

脂肪 **5** 克

主料：鸡蛋1个 | 绿豆面40克 | 面粉20克

辅料：食用油少许 | 小葱1棵 | 香菜1棵 | 甜面酱1汤匙 黑芝麻少许 | 生菜2片

# 做法

1 小葱和香菜洗净切末，生菜洗净沥干，备用。

2 绿豆面与面粉按2：1的比例混合，加80毫升水拌匀。面糊太稠不易摊开，太稀不易成形。

3 平底不粘锅烧热，倒入少许油，晃动锅体使油均匀地铺满锅底。

4 根据锅的大小，取适量面糊，均匀地在锅底摊开成薄饼。

5 面糊摊匀后，打入一个鸡蛋，再次摊匀。

6 趁着鸡蛋没有完全熟透，撒上葱花、香菜和芝麻。

7 将鸡蛋煎饼翻面，刷上甜面酱。

8 放上生菜后将饼卷起来即可。

**烹饪秘籍**

鸡蛋煎饼可以卷很多食材：火腿肠、酱牛肉、煎鸡胸……一切你喜欢的食材都可以放在里面，简直太百搭了。

71

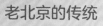

老北京的传统

# 西葫芦蛋饼

🕐 20分钟　🥄 初级

不知道吃什么的时候就做一张西葫芦蛋饼吧，菜也有了，蛋也吃到了。老北京人叫它"糊塌子"，软软糯糯的蛋饼，好消化不伤胃。

## 营养成分

**热量 334 千卡**

碳水化合物 **44** 克

蛋白质 **19** 克

脂肪 **9** 克

**主料：** 西葫芦1/2个 | 面粉2汤匙

**辅料：** 鸡蛋2个 | 盐1/2茶匙 | 食用油少许 | 蒜泥适量
生抽2汤匙 | 醋1/2汤匙

# 做法

1 西葫芦洗净，用工具擦成细丝。

2 将西葫芦放入大碗中，撒入盐，抓匀静置约10分钟，让西葫芦中的水分渗透出来。

3 把鸡蛋也敲入大碗中，和西葫芦一起打匀。

4 继续在大碗中少量多次放入面粉，继续搅打均匀成浓稠的面糊。

5 平底锅烧热，淋入少许油。盛入适量面糊，用锅铲压成蛋饼。

6 底部煎至凝固后，翻转过来将另一面煎熟。

7 将煎好的蛋饼取出，像切比萨一样切成8等份。

8 另取一只小碗，倒入生抽、醋和蒜泥，混合均匀，调成蘸汁即可。

**烹饪秘籍**

如果觉得面糊太干不好摊成饼，可以稍微放一点清水，但是注意不要加太多，以防面糊太稀不容易成形。

不用揉面的懒人饼

# 菠菜饼卷鸡胸肉

🕐 45分钟　🍴 初级

软乎乎的菠菜饼入口柔若无物，不用揉面，更不会粘手，就算你是厨房小白也能端出一份精致的轻食简餐。

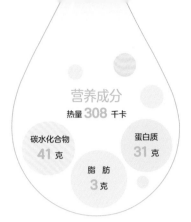

营养成分

热量 308 千卡

碳水化合物 41 克

蛋白质 31 克

脂肪 3 克

主料：菠菜2棵｜面粉50克｜鸡胸肉1块
辅料：盐1/2茶匙｜黑胡椒粉适量｜料酒1汤匙
生抽2汤匙｜蒜末少许｜淀粉2茶匙
橄榄油适量

# 做法

1 一块鸡胸肉对半横切成均等的两片，用刀背轻轻拍打，让鸡肉组织变得更松软。

2 肉放入碗中，加盐、料酒、生抽、蒜末、黑胡椒粉和淀粉，抓匀。盖保鲜膜腌30分钟，让鸡胸肉充分吸收调味汁。

3 平底锅烧热，倒入适量橄榄油，将腌好的鸡胸肉下入，两面各煎约15秒，使鸡胸肉表面略微变色。

4 在锅中倒入50毫升清水，水沸后转小火焖约2分钟，然后转中火将汤汁收干。鸡胸肉两面都呈现金黄色即可关火。

5 菠菜叶洗净，放入料理机，加入少许清水，打成菠菜汁。

6 将面粉放入大碗中，用滤网将菠菜汁加入面粉中，不停搅拌成顺滑的面糊。为了口感更好，可以将面糊再过滤一次。

7 平底锅刷油，淋一勺菠菜面糊，摊匀，全程保持中小火，将一面彻底煎熟后再煎另一面。

8 用煎好的菠菜饼卷入鸡胸肉和其他喜欢的食材即可。

烹饪秘籍

用水汽将鸡胸肉焖熟，这样做出的鸡胸肉吸收了汤汁且更加软嫩，比煎熟的鸡胸肉口感更好，一点都不柴。

不再出去买比萨
# 红薯燕麦底烤比萨

🕐 50分钟　🍴 高级

想吃比萨又怕厚厚的面底升糖太快？
那你一定要动手做这款红薯燕麦底的
比萨，燕麦的好处就不用再啰唆了，
上面的配料更是可以随心搭配。

HEAL
&
DELICIOUS

please v    ur online shop
omostalk.jiyoujia.com

WELCOME TO OUR MOMO'S KITCHEN
M
GOURMET
FOOD

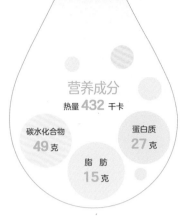

营养成分

热量 **432** 干卡

碳水化合物 **49** 克

蛋白质 **27** 克

脂肪 **15** 克

主料：燕麦片40克｜红薯60克

辅料：马苏里拉芝士碎40克｜柠檬1/2个｜盐少许
　　　鸡蛋1个｜龙利鱼柳40克｜洋葱1/4个
　　　玉米粒少许｜圣女果少许

# 做法

1 红薯去皮，上锅蒸熟，用筷子可以轻松扎透就可以了。

2 将蒸熟的红薯捣成细腻的红薯泥待用。

3 龙利鱼柳洗净，用厨房纸巾吸干水分，切成适口大小。

4 用柠檬汁和盐将龙利鱼抓匀，腌制约10分钟至入味。

5 洋葱切成圈，圣女果对半剖开。

6 取一个大碗，加入燕麦片、鸡蛋和红薯泥，翻拌均匀。

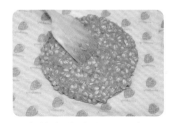

7 在烤盘中铺上一层油纸，将红薯燕麦底整理成饼状。面饼不要做得太厚，加热后燕麦片会膨胀一些。

8 比萨底的形状整理好后，将洋葱、玉米粒、圣女果和腌好的龙利鱼均匀地摆放在比萨上，最后撒一层芝士碎，放入烤箱180℃上下火烘烤约20分钟。

**烹饪秘籍**

比萨搭配的蔬菜尽量选择洋葱、彩椒、玉米粒、蘑菇这些水分较少的，水分过多的蔬菜受热会释出水分，让比萨底变软不易成形。

适合一家老小的胃
# 南瓜藜麦饼

🕐 40分钟　　🍴 中级

藜麦分为白藜麦、红藜麦、黑藜麦，其中黑藜麦营养价值最高，红藜麦次之，但最好消化的是白藜麦。所以将三色藜麦混合，既好消化也得到了更充分的营养。

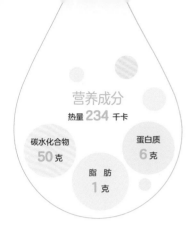

营养成分

热量 234 千卡

碳水化合物 50 克

蛋白质 6 克

脂肪 1 克

主料：板栗南瓜1/4个｜三色藜麦20克
辅料：苹果1/4个｜橄榄油少许

# 做法

1 三色藜麦提前用清水浸泡一两个小时备用。

2 南瓜洗净去皮，切成小块。

3 南瓜和藜麦一同放入小锅中，炖煮约20分钟，煮至南瓜软烂，一压就碎。

4 将煮好的南瓜和藜麦捞出沥干，混合压成藜麦南瓜泥。

5 苹果去皮去核，将果肉部分切成0.5厘米见方的小丁。

6 将苹果丁和藜麦南瓜泥混合均匀，如果太干了可以适量加入一点煮南瓜的水，若面糊较厚则不能流动。

7 平底锅倒入少许橄榄油，舀一勺做法6的面糊入锅，用锅铲将面糊整理成圆饼状。

8 小火将一面煎至金黄凝固后，翻转再煎另一面。

**烹饪秘籍**

煎南瓜饼时不要心急，过早翻面会散开不易成形。确保底部凝固了，再翻面煎熟就能保持饼的形状不变。

换种方式来吃饼
# 菠菜全麦燕麦饼

🕐 25分钟　🍴 中级

**主料:** 菠菜3棵

**辅料:** 全麦面粉15克 ｜ 鸡蛋1个 ｜ 燕麦片20克 ｜ 盐少许

营养成分

热量 **219** 千卡

碳水化合物 **32** 克

蛋白质 **14** 克

脂肪 **15** 克

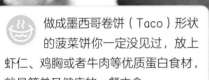

做成墨西哥卷饼（Taco）形状的菠菜饼你一定没见过，放上虾仁、鸡胸或者牛肉等优质蛋白食材，就是简单又健康的一餐主食。

## 做法

1 菠菜洗净切去根部，放入开水中焯烫。

2 待菠菜冷却，挤去多余的水分后切碎备用。

3 碗中放菠菜碎、蛋液、全麦面粉、燕麦片和盐，拌匀成浓稠的糊状。

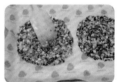

4 烤盘上铺一张油纸，取适量面糊抹平成直径约15厘米的圆饼。

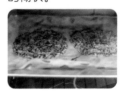

5 将烤盘放入烤箱中，180℃烘烤约10分钟。

6 趁热取出烤好的饼，将其弯成U形，夹上各种食材即可。

## 烹饪秘籍

趁热将饼从烤箱中取出，包在一个干净的玻璃杯上，稍微固定饼的两端，待饼变得温热时自然就能定形了。

第 二 章

配菜类

素年锦时

# 香油拌白菜帮

 20分钟　中级

白菜可生食，也可略焯水断生，辅以老北京人最爱的香油作为调味，口味咸鲜清淡。朴素的材料才是平淡的小日子里最常见的食材。

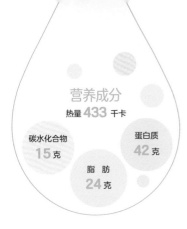

## 营养成分

热量 **433** 千卡

碳水化合物 **15** 克

蛋白质 **42** 克

脂肪 **24** 克

主料：大白菜1/2棵

辅料：千张2片 | 香菜末少许 | 干辣椒3个 | 花椒10粒
米醋1汤匙 | 生抽1汤匙 | 盐少许 | 香油适量
食用油适量

# 做法

1 白菜洗净，切掉叶子留下白菜帮。

2 用刀将白菜帮切成细丝，千张也切成和白菜长短粗细差不多的丝。

**烹饪秘籍**

切掉的白菜叶可千万别浪费，用来涮火锅或者拌沙拉吧。

3 准备一个大一点的碗，将白菜丝和千张丝放入，调入盐、生抽、米醋拌匀。

4 炒锅烧热，倒入适量油，将花椒粒和干辣椒放入，小火炸出香气。

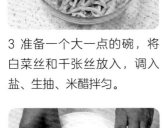

5 趁油热，将油淋到做法3的菜上，然后立刻用一个盘子反扣在大碗上闷30秒钟，让香气充分被菜吸收。

6 揭开盘子，将菜和调料拌匀，撒上香菜末、淋上香油即可。

## 粤菜大师
# 虾酱啫芥蓝

🕐 15分钟　🍳 初级

当食材放于砂锅中，经过极高温烧焗。砂锅中的汤汁不断快速蒸发而发出"嗞嗞"声，于是广州人便巧妙地用粤语将其命名为"啫啫煲"。吃腻了蒜蓉炒芥蓝，试试这道吧，你会爱上它。

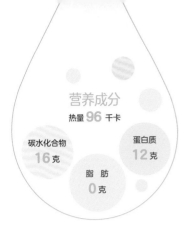

营养成分

热量 96 千卡

碳水化合物 16 克

蛋白质 12 克

脂肪 0 克

**主料：** 芥蓝10棵

**辅料：** 大蒜3瓣｜虾酱1汤匙｜橄榄油适量

蚝油1汤匙｜生抽1汤匙｜姜适量

# 做法

1 大蒜拍扁，切碎。姜也切碎备用。

2 芥蓝洗净沥干，根据芥蓝的大小可以一分为二，也可以斜切成小段备用。

**烹饪秘籍**

芥菜这种梗比较硬脆的蔬菜，可以先用开水焯到半熟，再放到砂锅里进行二次烹调，不仅可以防止蔬菜炒久了出水，还可以避免炒不熟的情况。

3 在小碗中加入虾酱、蚝油、生抽，混合均匀。

4 铁锅烧热，加入适量橄榄油，下入姜末、蒜末煸香。

5 将姜蒜油盛出待用，不用洗锅直接加入热水煮沸。下入芥蓝焯至变色后捞出沥干。

6 砂锅烧热，加入姜蒜油和姜蒜末，倒入焯好的芥蓝和酱料，翻炒几下即可上桌。

## 时令蔬菜
# 普宁豆酱空心菜

🕐 10分钟　🍴 初级

**主料：**空心菜1把
**辅料：**大蒜2瓣 | 普宁豆酱1汤匙 | 食用油少许

**营养成分**　热量 **57** 千卡

| 碳水化合物 | 脂肪 | 蛋白质 |
|---|---|---|
| **12**克 | **0**克 | **6**克 |

在泰国旅游时，不论是正经的餐厅还是街头小摊，都少不了一道虾酱炒空心菜。家里没有虾酱，那就试试用普宁豆酱吧，一样很美味。

## 做法

  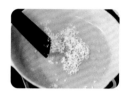 

1 空心菜洗净，沥干后切成长段。

2 大蒜拍扁，切成蒜末。

3 炒锅烧热，淋入少许油，将蒜末下入锅中煸出香气。

4 下入空心菜大火快炒，变色后加入普宁豆酱，炒匀即可出锅。

**烹饪秘籍**

空心菜炒太久容易发黑，营养元素也会流失较多，只要空心菜稍微变色时快速翻炒几下就可以出锅了。

高膳食纤维的健康餐

# 原味玫瑰粉盐烤口蘑

🕐 25分钟　　🍴 初级

**主料：** 口蘑15个

**辅料：** 喜马拉雅粉盐适量｜黄油15克

**营养成分**　热量 **549** 千卡

| 碳水化合物 | 脂肪 | 蛋白质 |
| --- | --- | --- |
| **48**克 | **19**克 | **59**克 |

口蘑的汁水自带一种天然的鲜香，一般人都无法抵挡。口蘑烤出来的汤汁千万别洒了，这可是精华呀。

## 做法

1 口蘑洗净，去掉菌柄只留伞盖，用厨房纸巾擦干备用。

2 黄油从冰箱里取出时，趁着没有软化切成15等份。

3 烤盘铺锡纸，将口蘑凹面朝上，间隔约1厘米摆放。

4 口蘑中放1克黄油，撒上喜马拉雅粉盐。烤箱中层200℃烤20分钟即可。

**烹饪秘籍**

添加了黄油，烤出来的口蘑味道会更香浓，带着黄油的天然香味。如果你在严格控制热量的摄入，去掉黄油也无妨。

暖心好"煮"意
# 日式关东煮

🕐 150分钟　　🍴 高级

> 用苹果煮汤底,味道自然甘甜,不用加任何糖,单是喝一碗热乎乎的关东煮汤都是非常美味的。

## 营养成分
### 热量 **1621** 千卡

碳水化合物 **259** 克

蛋白质 **90** 克

脂肪 **39** 克

主料：昆布2片｜干香菇4朵｜白萝卜1根
　　　胡萝卜1/2根｜苹果1个

辅料：魔芋结适量｜墨鱼丸4个｜娃娃菜1棵
　　　玉米1个｜豆腐1小块｜盐1茶匙｜生抽2汤匙

# 做法

1 干香菇和昆布洗去浮尘，分别放在不同的碗里，用冷水浸泡半天。

2 白萝卜和胡萝卜去皮，切成约3厘米厚的段。苹果洗净，切成4瓣。

**烹饪秘籍**

关东煮的食材可以根据自己的喜好搭配，就像煮小火锅一样，最后也可以再用汤底煮一碗乌冬面，一家人的一餐就解决了。

3 汤锅中放入泡好的昆布和泡昆布的水，一同放入白萝卜、香菇、胡萝卜和苹果，并加入大量的水没过食材。

4 开大火，煮开后盖上盖子，转小火煮2小时。将苹果捞出，汤中加入盐和生抽，做成关东煮的汤底。

5 娃娃菜洗净切成4瓣，豆腐切成厚片，玉米切小段。

6 将关东煮汤底大火煮沸，下入娃娃菜、豆腐、玉米、魔芋结、墨鱼丸等喜欢的配菜。

热带时光

# 酸辣汁松子碎拌木瓜丝

⏱ 20分钟    🥄 初级

在泰国餐厅每顿必点的酸辣木瓜丝，爽口又开胃的前菜带着浓浓的热带风味，让人一秒就回到在泰国的快乐时光。

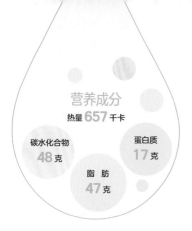

## 营养成分

热量 **657** 千卡

碳水化合物 **48** 克

蛋白质 **17** 克

脂肪 **47** 克

**主料：** 青木瓜1/2个

**辅料：** 松子碎适量 | 鱼露1汤匙 | 柠檬汁1汤匙
小米椒4个 | 大蒜2瓣 | 花生碎适量
盐少许

# 做法

1 新鲜的青木瓜洗净，去皮、去籽，用工具擦成细丝。

2 擦好的木瓜丝放入冰水中浸泡备用。

**烹饪秘籍**

泰国酸辣木瓜丝一定要选择青色的生木瓜，不能用橙色的熟木瓜，只有生木瓜嚼起来才有"咔嚓咔嚓"的爽脆感。

3 小米椒切圈，大蒜切碎。

4 将小米椒、蒜末放入小碗中，加入鱼露、柠檬汁和盐调味，即成酸辣汁。

5 青木瓜丝捞出沥干，在盘中摆放好。

6 淋入拌好的酸辣汁，撒上花生碎和松子碎即可。

饭桌上的金元宝

# 蛋饺

 40分钟　🥢 中级

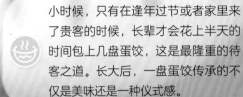

小时候，只有在逢年过节或者家里来
了贵客的时候，长辈才会花上半天的
时间包上几盘蛋饺，这是最隆重的待
客之道。长大后，一盘蛋饺传承的不
仅是美味还是一种仪式感。

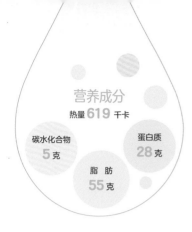

营养成分

热量 **619** 千卡

碳水化合物
**5** 克

蛋白质
**28** 克

脂　肪
**55** 克

**主料：** 猪肉馅适量｜鸭蛋2个
**辅料：** 肥猪肉1小块｜食用油5滴

# 做法

1 鸭蛋磕入碗中，打散成蛋液后滴入几滴食用油，再次打匀。

2 一手将汤勺放在火上加热，另一手用筷子夹起肥猪肉块在勺内抹擦一遍。

**烹饪秘籍**

做好的蛋饺可以放入蒸锅大火蒸约10分钟，冷却后密封冷冻保存，随吃随取。

3 猪肉出油后取出，舀一汤匙蛋液倒入汤勺中。慢慢转动手腕让蛋液在勺内均匀流淌，使其形成完整的蛋皮。

4 保持中小火，将蛋皮加热至基本凝固，在蛋皮中央放入适量肉馅。

5 用筷子揭起蛋皮的一侧，轻轻对折盖在另一边。

6 轻轻地用筷子按压，使蛋皮更好地黏合在一起，晃动勺子就可将蛋饺轻松取出。

# 秋葵厚蛋烧

🕐 15分钟　🥄 初级

 秋葵厚蛋烧适合做餐点或早餐，看着颜值如此高的料理，一天的工作都充满了动力。

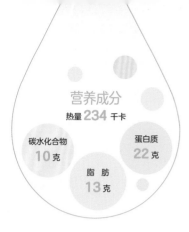

营养成分

热量 **234** 千卡

碳水化合物 **10**克

蛋白质 **22**克

脂肪 **13**克

主料：鸡蛋3个

辅料：秋葵4个 | 盐适量 | 食用油少许

# 做法

1 秋葵洗净后焯水断生，变色后即可捞出冷却。

2 将秋葵切去头尾，留取中段粗细均匀的部位。

3 鸡蛋在碗中打散，加入适量盐搅拌均匀。

4 厚蛋烧小锅中刷上少许油，倒入1/3的蛋液，小火慢煎至即将凝固的状态。

5 在锅中靠下的位置并排放入焯好的秋葵，平行摆放，然后从下向上将蛋皮卷起。

6 将蛋卷推到锅的一端，倒入1/3的蛋液，同样在没有完全凝固时卷成蛋卷。

7 再重复一次上述步骤，最外层蛋卷做好后每面加热30秒使蛋卷定形。

8 取出秋葵厚蛋烧，稍稍冷却至不烫手的状态。切成与大拇指宽度差不多的段即可。

**烹饪秘籍**

做厚蛋烧的关键在于，一定要在蛋液还未完全凝固时就将蛋皮卷起来。不用担心蛋液里面不熟，卷好后各面再加热一会儿即可。

吃一次就念念不忘
# 香菇素鲍鱼

🕐 25分钟　　🔨 中级

香菇自带肉感，鲜味爆棚，划上十字花刀，样子像极了鲍鱼。嚼起来肉厚汁鲜，真的有点鲜鲍鱼的口感。

## 营养成分

热量 **78** 千卡

碳水化合物
**15** 克

蛋白质
**6** 克

脂肪
**0** 克

**主料：** 鲜香菇10个

**辅料：** 食用油适量｜蒜末少许｜葱花少许
生抽2汤匙｜蚝油1汤匙｜盐少许
水淀粉少许

# 做法

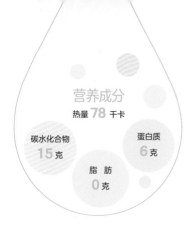

1 鲜香菇洗净，用剪刀剪去中间的蒂。

2 用一把小刀将香菇中间凹陷的部分划成格子形状的花刀。

3 锅中加入足量清水煮沸，下入香菇煮约2分钟，捞出沥干。

4 碗中放入生抽、蚝油、盐和水淀粉，拌匀成调味汁。

5 另起锅烧热，淋入适量油，下入蒜末爆香。

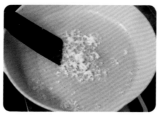

6 下入香菇，中小火将两面各煎约1分钟。

7 倒入调味汁，翻炒均匀，汤汁收浓即可关火。

8 盛出装盘，撒上葱花即可。

## 烹饪秘籍

做这道素鲍鱼，重点在于汤汁。用蚝油调出鲍鱼的鲜美之外，还要用淀粉调出厚芡汁，浓浓地挂住香菇才好。

## 朴素食材的高级做法

# 黄油蒜香西蓝花

🕐 35分钟　　🍴 初级

**主料：** 西蓝花1个
**辅料：** 黄油15克｜大蒜1头｜盐1茶匙｜黑胡椒粉少许

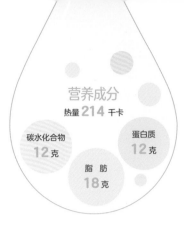

营养成分

热量 **214** 千卡

碳水化合物 **12** 克

蛋白质 **12** 克

脂肪 **18** 克

大蒜和黄油可以说是黄金搭档，将没有什么味道的西蓝花料理得妥妥帖帖，无论味道还是口感都是极好的。

## 做法

1 西蓝花洗净后去梗，切成适口大小。

2 大蒜剥去外皮，拍扁后切成细末。

3 小汤锅中加水煮沸。下入西蓝花煮至水再次沸腾，捞出沥干。

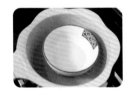

4 将黄油放入小碗中，隔水加热至化开。

5 在黄油中放蒜末、盐和黑胡椒粉，拌匀成调味酱。

6 烤盘中铺锡纸，放入西蓝花后均匀地抹上调味酱。180℃烘烤约20分钟即可。

**烹饪秘籍**

烤出来的西蓝花比水煮的好吃很多，烤好后还可以用料理机打成碎末，捏饭团或者拌意面都不会让你失望。

一口吃掉整个春天

## 鸡毛菜笋尖

🕐 20分钟　🍴 初级

**主料：** 鸡毛菜200克 ｜ 笋尖250克
**辅料：** 食用油适量 ｜ 盐1茶匙

**营养成分**
热量88 千卡

碳水化合物
11 克

蛋白质
11 克

脂肪
0 克

# 做法

1 笋尖和鸡毛菜分别洗净，沥干。

2 将笋尖改刀，斜切成适口大小。

3 锅中加入适量清水，水沸后下入笋片，焯水后捞起备用。

4 炒锅烧热，淋入少许油，下入笋片，翻炒均匀。

5 笋片炒出香气，放入鸡毛菜共同翻炒，鸡毛菜变色、变软就说明熟了。

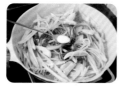

6 加入盐调味，关火，盛出即可。

**烹饪秘籍**

把鸡毛菜择洗干净，是费时、费力、费眼睛的第一步。如果买得多，一次性洗净沥干，用保鲜袋装好后放入冰箱，第二天还能再吃一顿。

经历了整个寒冬的洗礼，在冬春交替之际，吸饱了春雨长出来的春笋肉质最为细嫩，水分充足，极为甜美。

营养美味

# 猪肉小油菜笋干

🕐 25分钟　　🍴 中级

**主料：** 猪五花100克 | 笋干适量

**辅料：** 小油菜1棵 | 干辣椒2个 | 食用油适量 | 蒜末适量
　　　　 盐适量 | 生抽1汤匙

营养成分

热量 **533** 千卡

碳水化合物
**33** 克

蛋白质
**25** 克

脂肪
**37** 克

笋中含有人体必需的各种氨基酸和膳食纤维，可以促进消化，促进新陈代谢。

## 做法

1 笋干提前用清水泡开，改刀切成1厘米见方的小丁。

2 锅中加入适量清水，将笋干冷水下锅，煮约10分钟后捞出沥干。

3 猪五花和小油菜洗净后切小丁。干辣椒剪成约1厘米的段。

4 炒锅烧热，淋入适量油，下入干辣椒和蒜末，小火爆香。

5 下入猪五花小火煸炒，当猪肉中的油脂煸出来后，再下入笋干和小油菜继续翻炒。

6 在锅中调入生抽和盐，翻炒均匀后即可出锅。

### 烹饪秘籍

笋干不易泡开，可以提前一天用清水浸泡备用，其间多换两次水即可。

## 重口味爱好者
# 辣炒魔芋

🕐 15分钟　🍴 初级

**主料：** 魔芋块1块
**辅料：** 干辣椒适量 | 豆瓣酱1汤匙 | 蒜末适量
生抽1汤匙 | 老抽少许 | 食用油少许

**营养成分** 热量101 千卡

碳水化合物 **6克** ｜ 脂肪 **7克** ｜ 蛋白质 **5克**

魔芋口感滑溜溜的，热量也非常低，容易形成饱腹感。辣炒魔芋摆脱了健康餐"清淡"的既定印象，为人们开拓了味蕾新体验。

## 做法

1 魔芋用水洗净，切成和薯条长短粗细差不多的条状。

2 汤锅加入适量清水，将魔芋条冷水下锅，水沸后捞出沥干。

3 炒锅烧热，放入少许油，小火将蒜末和干辣椒爆香。

4 倒入魔芋条翻炒均匀，调入豆瓣酱、生抽和老抽，炒匀即可。

**烹饪秘籍**

根据大家吃辣程度不同，可以酌情调配辣椒的比例。小米椒、青椒、泡椒、干辣椒……种类越多，炒出来的辣味层次越丰富。

祛湿气，排水肿

# 冬瓜薏仁排骨煲

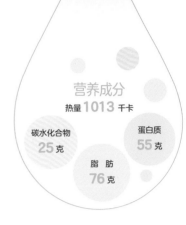

## 营养成分
热量 **1013** 千卡

碳水化合物 **25** 克 | 蛋白质 **55** 克 | 脂肪 **76** 克

🕐 80分钟　🍴 初级

**主料：** 排骨300克 | 冬瓜1块

**辅料：** 姜3片 | 薏米30克 | 盐适量

排骨软糯，冬瓜绵滑，细细慢炖，汤水清亮。喝上一碗清热祛湿，非常适合一家老小在炎热的夏季食用。

## 做法

1 薏米提前用清水浸泡2小时备用。

2 冬瓜外皮洗净，去籽后切成适口大小。

3 锅中加入足量清水，将排骨冷水下锅，水沸腾后捞出。

4 砂锅加入清水和泡好的薏米，大火煮沸，水沸腾后下入排骨和姜片，盖上锅盖焖煮约1小时。

5 下入冬瓜块，继续煮约15分钟。起锅前加入盐调味即可。

**烹饪秘籍**

冬瓜容易煮烂，所以不要太早放入锅中炖煮，当薏米和排骨差不多快熟时，再下入冬瓜煮一会儿即可。

# 轻食轻体

## 双色小番茄拌苦菊

🕐 20分钟　　🥄 初级

**主料：** 苦菊1/2棵 | 荷兰小黄瓜1根
**辅料：** 生抽1汤匙 | 柠檬1/2个 | 橄榄油1汤匙
　　　　红色圣女果6个 | 黄色圣女果6个

**营养成分**　热量 **143** 千卡

| 碳水化合物 | 脂肪 | 蛋白质 |
|:---:|:---:|:---:|
| **26**克 | **2**克 | **8**克 |

> 苦菊味感甘中略带苦，色泽碧绿，可以炒食也可以凉拌，具有清凉解暑的功效，多吃蔬菜对身体大有裨益。

# 做法

1 苦菊洗去根部泥沙，一片片择下后用清水浸泡约10分钟。

2 圣女果洗净，对半切开。荷兰小黄瓜洗净，切圆片。

3 小碗中放橄榄油和生抽，挤入柠檬汁，拌匀成沙拉汁。

4 将苦菊取出沥干，放入沙拉盆中，和其他食材混合均匀即可。

## 烹饪秘籍

沙拉汁可以提前调配好，但不要太早倒入沙拉中，否则菜会变颜色，不好看也不爽口。因此最好在吃之前才倒入。

## 质朴的住家饭
# 番茄豆腐煲

🕐 25分钟　　🍳 初级

每到饭点就发愁，总是不知道吃什么。
不如来个番茄豆腐煲吧，两种质朴的
食材搭配，不到10元钱，就能吃到一
餐住家饭。

营养成分

热量 320 千卡

碳水化合物
12 克

蛋白质
24 克

脂肪
20 克

**主料：** 番茄1个 | 老豆腐250克
**辅料：** 食用油适量 | 蒜末适量 | 葱花适量
生抽1汤匙 | 蚝油1汤匙 | 盐1茶匙
现磨黑胡椒适量

# 做法

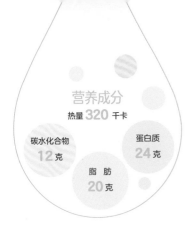

1 番茄洗净，顶部切十字纹，放入沸水中焯一下，撕去外皮。

2 番茄切碎，豆腐改刀切成麻将块大小。

3 平底不粘锅烧热，倒入适量食用油，放入豆腐，中小火煎至两面金黄。

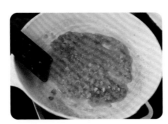

4 豆腐煎到表皮有些硬脆后盛出备用，用锅中的底油爆香蒜末。

5 待大蒜炒出香气，即可下入番茄碎，持续翻炒至出汁。

6 锅中倒入一小碗清水，调入生抽、蚝油，大火煮沸。

7 加入煎好的豆腐，转中小火，盖上锅盖焖煮约2分钟，使其入味。

8 出锅前加入盐和现磨黑胡椒调味，撒上葱花即可。

**烹饪秘籍**

番茄豆腐煲可以做菜也可以做汤，适当调整水量并调整焖煮时间即可，怎么做都好吃。

焖出软糯鲜香

## 香菇牛筋炖牛腩

 150分钟　 高级

天气越来越冷的时候，人总是想吃些暖身菜。炖一锅牛肉、牛蹄筋，不仅能当菜吃，作为"浇头"也不错。

## 营养成分

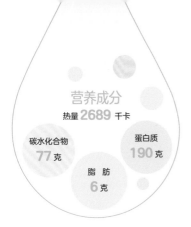

热量 **2689** 千卡

碳水化合物
**77** 克

蛋白质
**190** 克

脂　肪
**6** 克

**主料:** 牛腩500克 | 牛蹄筋500克 | 干香菇适量
**辅料:** 大葱1段 | 姜3片 | 食用油适量 | 八角2个
香叶2片 | 丁香少许 | 草果1个 | 盐适量
料酒2汤匙 | 生抽2汤匙 | 老抽1汤匙

# 做法

1 牛腩、牛蹄筋洗净，提前
汆水备用。

2 干香菇用清水泡开，洗去
杂质并修剪掉老根。

## 烹饪秘籍

牛蹄筋不易炖烂，烹饪时间
要稍微长一些。如果赶时间
也可以换成铸铁锅或者高压
锅来焖煮，大大节约烹饪
时间。

3 炒锅烧热，倒入适量油，
下入汆过水的牛腩和牛蹄筋翻
炒2分钟。

4 在锅中加入料酒、生抽、
老抽，翻炒至均匀上色。

5 锅中加入足量开水，放入
葱、姜、八角、香叶、草果、
丁香等香料，大火煮沸后转中
火焖煮2小时。

6 牛肉炖软后，放入泡发的
香菇，撒入盐调味，然后继续
炖煮约半小时将汤汁收干。

10分钟，上菜

## 香辣浇汁肥牛

🕐 10分钟　　🍴 中级

只要有肥牛片和新鲜蔬菜，就可以变
出一道饭店级的美味。手上再利落一
点，10分钟做好不成问题。

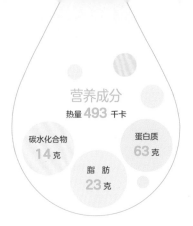

营养成分

热量 493 千卡

碳水化合物
14 克

蛋白质
63 克

脂 肪
23 克

主料：肥牛片400克 | 绿豆芽200克
辅料：剁椒2汤匙 | 韩国辣酱1汤匙 | 辣椒粉少许
食用油适量 | 蒜末适量 | 香葱末适量
白芝麻1茶匙 | 水淀粉适量 | 醋1汤匙
盐适量

# 做法

1 绿豆芽洗净后，放入沸水中焯1分钟。

2 将绿豆芽捞出后沥干，铺入盘底备用。

3 另起一锅清水煮沸，下入肥牛片，汆烫至变色后立即捞出沥干。

4 炒锅烧热，淋入适量油，将蒜末爆香。

5 蒜蓉有些微黄时，加入剁椒、韩国辣酱和一小碗清水，大火煮沸。

6 下入肥牛片，在锅中调入盐和醋，淋入适量水淀粉。待浇汁变得浓稠后即可关火。

7 将肥牛和香辣浇汁一同盛出，铺在豆芽上。

8 在盘中撒适量辣椒粉、白芝麻和香葱末，淋上一勺烧热的油即可。

烹饪秘籍

蔬菜随心搭配吧，黄豆芽、绿豆芽、金针菇、生菜……什么都可以作为浇汁肥牛的基底。

正宗岭南味

# 胡椒牛肉芹菜汤

🕐 10分钟　　🍴 初级

在潮汕当地，随处可见牛肉粿条汤小吃店。新鲜手切的牛肉片配上厚重浓稠的沙茶酱，绝对担得起"完美"两个字。

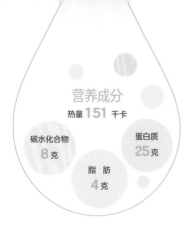

营养成分

热量 **151** 千卡

碳水化合物
**8**克

蛋白质
**25**克

脂肪
**4**克

主料：鲜牛肉100克｜香芹1棵
辅料：生菜2片｜现磨黑胡椒适量｜盐适量
沙茶酱1汤匙｜炸蒜蓉少许

# 做法

1 牛肉洗净，用厨房纸巾擦干水分。

2 逆着牛肉的纹路，切成薄薄的牛肉片。

3 香芹洗净，切碎。

4 汤锅加适量水，大火煮沸至"咕嘟咕嘟"冒泡时下入牛肉片和生菜叶，烫煮约10秒。

5 牛肉一变色即可关火，撇去锅中浮沫后撒上一把香芹碎。

6 将汤盛入大碗，撒入盐和现磨黑胡椒调味。另取一个小碟，加入沙茶酱和炸蒜蓉作为牛肉蘸料。

## 烹饪秘籍

先吃肉再喝汤，牛肉蘸着沙茶酱和炸蒜蓉，就像在吃潮汕牛肉火锅，味道一模一样。若担心吃不饱，那就多放些牛肉在里面吧，不仅几乎"零碳水"，还能补充足量的蛋白质。

听起来就很好吃

# 黑椒牛肉粒

🕐 45分钟　　🍴 中级

🍲 牛肉滑嫩，酱汁浓郁，蒜瓣也炸得软软糯糯的，所有食材都完美搭配。做好这一餐，要是能再来一瓶冰啤酒，那才是爽快事。

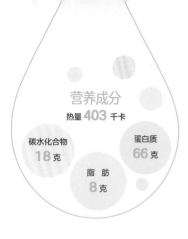

营养成分

热量 **403** 千卡

碳水化合物 **18** 克

蛋白质 **66** 克

脂肪 **8** 克

**主料：** 牛里脊1块
**辅料：** 大蒜1头 | 现磨黑胡椒适量 | 老抽1汤匙
生抽1汤匙 | 淀粉适量 | 料酒1汤匙
盐适量 | 香芹叶少许 | 食用油适量

# 做法

1 牛里脊去掉筋膜，切成适口大小（比蒜瓣略微大一些即可）。

2 将牛里脊放入碗中，加入料酒、盐、老抽和淀粉抓匀，腌制半小时入味。

3 取一头大蒜剥开，为了烹调均匀，将较大的蒜瓣对半切开备用。

4 炒锅烧热，倒入适量油。油温热时，下入蒜瓣，中小火炸制表面微黄。

5 将蒜瓣捞出，用带着蒜香的底油大火将牛肉块滑炒至表面均匀变色。

6 下入炸好的蒜瓣，调入生抽、现磨黑胡椒和盐，大火快速翻炒均匀。

7 快速翻炒几下，让调料均匀地裹住牛肉块，即可关火，时间太长牛肉就老了。

8 洗净的香芹叶切成小片，撒入锅中即可出锅。

**烹饪秘籍**

牛里脊是精瘦肉，没有过多肥油。因此烹饪过程一定要快，用淀粉抓腌可以在牛肉表面形成保护膜，在一定程度上锁住水分以防肉质过老。

万能百搭

# 酱牛肉

🕐 135分钟　　🥄 中级

酱牛肉健康美味，即使不用加热也可以直接吃。薄薄几片就能带给你满满幸福感，让面条、便当增香增味。

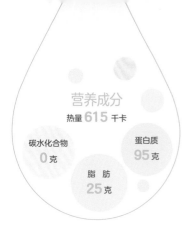

营养成分

热量 615 千卡

碳水化合物 0 克

蛋白质 95 克

脂肪 25 克

主料：牛腱子500克

辅料：大葱1根 | 姜3片 | 黄酒3汤匙 | 生抽2汤匙
老抽2汤匙 | 香叶3片 | 八角1个 | 桂皮1块
草果1个

# 做法

1 牛肉洗净血水，冷水下入锅中。

2 大火煮至沸腾后，将牛肉捞出冲洗干净。

烹饪秘籍

酱牛肉剩余的卤汁可千万不要倒掉，剩余的卤汁可以用来做些卤蛋，还带着牛肉的香味呢。

3 另起锅，加入足量水煮沸，下入牛肉、大葱、姜片和黄酒，中火炖煮1小时。

4 转中小火调入生抽、老抽、各种香料，盖上锅盖继续焖煮约1小时。

5 卤汁基本收干时，即可关火，将牛肉放凉。

6 取适量牛肉切成适口大小的片，剩余牛肉用保鲜膜包好放入冰箱冷藏。

生酮饮食
# 盐葱酱烤牛五花

⏱ 20分钟　🍴 初级

谁说低糖饮食只能吃素，不加一滴油就可以用烤箱做出一道高蛋白的配菜，如果没有烤箱就用不粘锅吧，超少油也能成功。

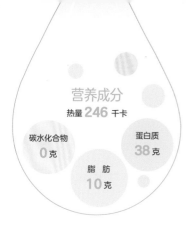

## 营养成分

热量 **246** 千卡

碳水化合物 **0** 克

蛋白质 **38** 克

脂肪 **10** 克

**主料：** 牛五花肉200克
**辅料：** 大葱1/2根｜海盐适量｜橄榄油少许
现磨黑胡椒少许

# 做法

1 牛五花洗净，用厨房纸巾吸干水分。

2 逆着牛肉的纹理，将牛五花切成0.5厘米厚的大片。

## 烹饪秘籍

如果觉得生五花肉很难切成薄厚均匀的片，可以将五花肉放入冰箱冷冻1小时，再拿出来稍微回温，就很容易切成薄片了。

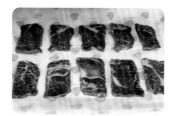

3 烤盘中铺上一层油纸，将牛五花肉片均匀地摆放整齐，放入烤箱200℃烤5分钟，转230℃再烤5分钟。

4 烤牛肉的过程中，将大葱洗净切碎。

5 炒锅倒入少许橄榄油，低油温将葱碎炒出香气。

6 将做法5的葱油倒入小碟中，撒入适量海盐和现磨黑胡椒作为蘸料即可。

删繁就简

# 原汁原味手抓羊肉

🕐 180分钟　　🍴 中级

这道菜非常原汁原味，所用的调料极少，所以要尽量选择新鲜的羊肉，冻过的羊肉再解冻就没那么好吃了。

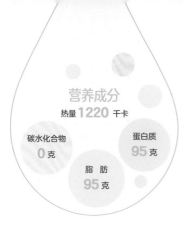

## 营养成分

热量 **1220** 千卡

碳水化合物 **0** 克

蛋白质 **95** 克

脂肪 **95** 克

**主料：** 羊排500克
**辅料：** 大葱2根 | 姜1块 | 花椒10粒 | 枸杞子10粒

# 做法

1 羊排放入冷水中浸泡1小时，其间多翻动几下，使血水尽可能渗出。

2 锅中加入冷水，放入泡好的羊排，大火煮沸

3 大葱和姜洗净，大葱切长段，姜切大片。

4 用勺子将锅中的血沫撇净，下入葱、姜，转中火焖煮90分钟。

5 加入枸杞子和花椒，炖至羊排上的肉变得软烂，即可关火。

6 盛出羊排，可搭配椒盐或蒜泥食用。

**烹饪秘籍**

羊排出锅后，羊汤可千万别倒掉。加入些葱花、香菜，调入盐，就是一碗香浓的羊肉汤了，可以单喝汤，也可以下些粉丝、面条，做成羊肉粉丝汤、羊肉汤面。

大口吃肉，大快朵颐

# 烤羊排

🕐 85分钟　　🍴 中级

只要调料齐全，家庭烤箱版的烤羊排味道并不比外面餐厅的差，不想出门的时候，就宅在家里好好提升厨艺吧。

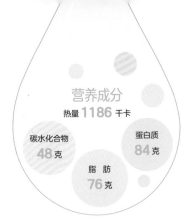

营养成分

热量 **1186** 千卡

碳水化合物 **48**克

蛋白质 **84**克

脂肪 **76**克

主料：羊排4个 ┃ 土豆1个 ┃ 手指胡萝卜少许
辅料：孜然粉适量 ┃ 辣椒粉少许 ┃ 盐1/2茶匙
洋葱1/2个 ┃ 大蒜3瓣 ┃ 生抽1汤匙
老抽1/2汤匙 ┃ 蚝油少许

# 做法

1 洋葱和大蒜剥去外皮，都切成片。

2 羊排洗净，用厨房纸巾吸干水分。

3 用洋葱、大蒜、盐、生抽、老抽、蚝油将羊排腌制约30分钟。

4 土豆和手指胡萝卜洗净，将土豆切成滚刀块。

5 烤盘上铺一张锡纸，将胡萝卜和土豆均匀地铺在上面。

6 最上方铺羊排和腌料，撒上孜然粉和辣椒粉。

7 在烤盘上方再盖一层锡纸，放入烤箱200℃烤约30分钟。

8 取出烤盘将上层的锡纸拿掉，将羊排翻面后撒入孜然粉和辣椒粉，再烤约15分钟，羊排变得焦黄上色即可。

**烹饪秘籍**

烤羊排时，可以用一小块锡纸将羊排底端的骨头包起来，这样可以防止烤焦，吃的时候也不容易把手弄脏。

暖身暖心

# 腐竹滋补羊排煲

🕐 105分钟　　🍴 中级

冬天是吃羊肉的最佳时间，一锅浓郁的羊排煲小火炖得特别入味，吃完浑身都充满了能量。

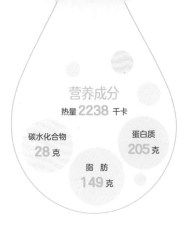

**营养成分**

热量 **2238** 千卡

碳水化合物 **28** 克

蛋白质 **205** 克

脂 肪 **149** 克

主料：羊排500克｜腐竹3根
辅料：胡萝卜1/2根｜姜3片｜柱侯酱1汤匙
南乳2块｜蒜苗2根｜食用油适量

# 做法

1 羊排洗净，剁成适口大小。

2 胡萝卜切成滚刀块，腐竹掰成小段后用清水泡软。

3 锅中加足量清水，将羊排冷水下锅，水沸腾后捞出。

4 炒锅烧热，倒入适量油，将姜片和羊排下锅一同翻炒，至羊排表面微微发黄。

5 在锅中加入足量热水没过羊排，下入柱侯酱和南乳，大火煮沸。

6 将羊排连汤一同倒入砂锅或铸铁锅，转中小火焖煮约1小时。

7 待羊排变得软烂，下入胡萝卜和腐竹，继续焖煮约半小时。

8 蒜苗洗净切成手指长的段，出锅前加入锅中即可。

**烹饪秘籍**

羊排煲可以边加热边吃，吃到一半时还可以下入些青菜时蔬。吸收了羊排煲的汤汁，青菜也会变得格外好吃。

一滴油都不加，也能做烧烤

# 烤箱无油鸡胸肉

🕐 60分钟　🍴 中级

鸡胸肉是公认的低脂、低热量食材，烤箱做出来的烤鸡胸和烧烤摊卖的味道差不多，可是一滴油都不加，吃起来无负担。

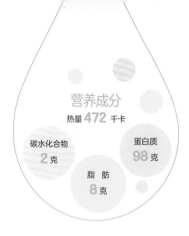

**营养成分**

热量 **472** 千卡

碳水化合物 **2** 克

蛋白质 **98** 克

脂肪 **8** 克

主料：鸡胸肉1块

辅料：蚝油1汤匙｜料酒1汤匙｜生抽2汤匙
盐适量｜孜然粉适量｜辣椒粉适量
孜然粒适量｜白芝麻少许

# 做法

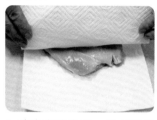

1 鸡胸肉洗净后，用厨房纸巾吸干水分。

2 将鸡胸肉切成小手指粗细的条状。

**烹饪秘籍**

想让鸡胸肉更入味，可以提前一晚将鸡胸肉和腌肉料放入冰箱冷藏，腌制过夜。第二天取出后再烹饪就非常入味了。

3 取一只大碗，放入料酒、生抽和蚝油，将鸡胸肉抓匀，腌制半小时入味。

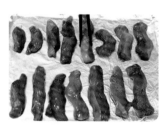

4 烤盘铺上一张锡纸，将腌好的鸡胸肉均匀铺开。

5 在鸡胸上均匀地撒上孜然粉、辣椒粉和盐，也可以撒些孜然粒和白芝麻增加口感和香气。

6 将烤盘放入烤箱，210℃上下火烘烤约15分钟。喜欢吃硬脆口感的，可以再适当延长一下烘烤时间。

## 浓香四溢
# 胡椒烤鸭腿

🕐 160分钟　🍴 高级

 鸭腿做好了也不输羊肉串的口感，烤得外皮焦脆、内里香软，关键是自家烤箱做出来的干净、卫生又放心。

## 营养成分

热量 **1128** 千卡

碳水化合物 **12** 克

蛋白质 **56** 克

脂肪 **100** 克

主料：鸭腿2只

辅料：蒜3瓣 ┃ 姜1小块 ┃ 生抽4汤匙 ┃ 料酒1汤匙
五香粉2茶匙 ┃ 黑胡椒粉1茶匙

# 做法

1 鸭腿洗净后，用锋利的尖刀在鸭皮上纵横交错地划几刀，刀口要浅，只划在皮上而不深入到肉里。

2 姜、蒜切碎，放入小碗中，加入生抽、料酒、五香粉和黑胡椒粉，混合成酱汁。

**烹饪秘籍**

蒜末和姜末在烘烤的过程中特别容易变煳发黑，不仅影响口感和味道，对健康也不利。腌制过程中，姜、蒜的味道已经进入鸭腿肉里了，所以刷掉也没有影响。

3 将鸭腿和酱汁一起放入保鲜袋中，腌制2小时以上入味。

4 将腌好的鸭腿取出，刷去表面的蒜末和姜末，将腿骨的部分包上锡纸。

5 烤箱240℃预热，将鸭腿放在烤架上200℃烘烤约15分钟。

6 取出翻面，去掉锡纸后再烤15分钟即可。

好吃不长肉

# 魔芋拌卤鸡胗

60分钟　中级

香辣卤鸡胗富有嚼劲，“咯吱咯吱”地慢慢咀嚼，好吃到停不下来。鸡胗、鸡心、鸡爪……平时剩下来的边角料都可以用这个办法卤制。

营养成分

热量 **422** 千卡

碳水化合物 **16**克

蛋白质 **60**克

脂肪 **14**克

主料：鸡胗10个 ｜ 魔芋结适量

辅料：盐适量 ｜ 生抽2汤匙 ｜ 老抽1汤匙 ｜ 香醋1汤匙
八角1个 ｜ 桂皮1块 ｜ 香叶1片 ｜ 干辣椒2个
葱花少许 ｜ 香菜少许

# 做法

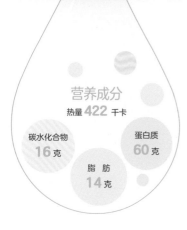

1 鸡胗用清水浸泡约10分钟，清洗干净表面的杂物。

2 锅中加入清水，冷水下入鸡胗，大火煮开后捞出。

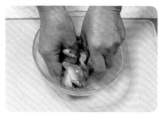

3 另起锅加适量清水，放八角、桂皮、香叶、干辣椒、生抽和老抽煮沸，下入鸡胗，中火卤制约20分钟。若时间充裕，卤好后再焖数小时入味。

4 煮卤鸡胗时，用小汤锅煮沸清水，下入魔芋结，焯水后捞出冷却。

5 将鸡胗捞出，切成薄片。

6 大碗中加入盐、醋、生抽、葱花和香菜，制成调味汁，将鸡胗与魔芋结拌匀即可。

**烹饪秘籍**

现在卖的鸡胗一般都是经过处理的，如果你买到未经处理的鸡胗，要记得把外层油膜撕干净，然后将鸡胗切开、洗去杂质，去掉里面的黄皮后用盐搓洗干净再烹饪。

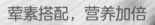

荤素搭配，营养加倍

# 蒜香小香菇鸡腿肉炒莴苣

🕐 40分钟　　🍴 中级

小小的香菇咬一口鲜汁直奔口中，平时充当配菜的食材在这道菜中可以说是当之无愧的主要食材，一口一个小香菇，真的绝了。

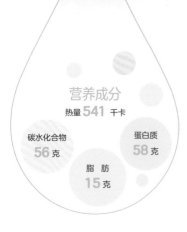

营养成分

热量 541 千卡

碳水化合物
56 克

蛋白质
58 克

脂肪
15 克

**主料：** 莴笋1小块｜鸡腿1只｜干小香菇1小把

**辅料：** 大蒜5瓣｜食用油适量｜盐1茶匙｜料酒适量
淀粉2茶匙

# 做法

1 晒干的小香菇提前用清水泡开，洗净杂质后沥干。

2 莴笋去皮后，切成1厘米见方的小丁。

3 鸡腿洗净，去皮、去骨，将鸡腿肉切成适口大小，比莴笋块略大一些即可。

4 用适量料酒和淀粉将鸡腿肉抓匀，腌制约10分钟。

5 大蒜剥去外皮，用菜刀横着拍松。

6 炒锅烧热，淋入适量油，下入蒜瓣小火煸香。大蒜有些焦黄时，将鸡腿肉下入，滑炒约5分钟。

7 鸡肉发白变色后捞出备用，利用锅中的底油将莴笋丁和小香菇炒熟。

8 再次下入鸡腿肉，调入盐，大火翻炒均匀即可。

**烹饪秘籍**

干香菇不仅易于保存，风味也更好。干香菇味道浓郁，吃起来有嚼劲，鲜香菇含水量较多，口感相对更细腻滑嫩。

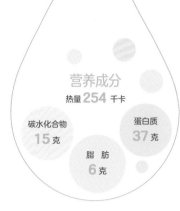

营养成分

热量 **254** 千卡

碳水化合物
**15** 克

蛋白质
**37** 克

脂肪
**6** 克

风味人间

# 蟹肉紫菜羹

🕐 60分钟　🍴 高级

**主料：** 螃蟹2只

**辅料：** 紫菜少许 | 食用油1汤匙 | 葱花少许 | 盐1茶匙

去市场上挑两只新鲜的螃蟹，用大火蒸熟，再慢慢地剥壳拆蟹，亲手制作羹汤。忙碌的日子里难得静下来，享受美食可以治愈一切。

## 做法

1 螃蟹用刷子洗净，将螃蟹冷水上锅蒸熟。

2 螃蟹取出冷却，去壳后剥出蟹肉备用。

3 紫菜用清水提前泡开，沥干。

4 炒锅烧热，倒油，油热后倒入蟹肉翻炒几下。

5 在锅中加入两碗清水煮沸，水沸后下入紫菜煮3~5分钟。

6 调入适量盐，撒一把葱花即可。

**烹饪秘籍**

螃蟹寒凉，在蒸螃蟹时可以在锅中的清水里加几片姜和一小杯黄酒。既能去腥味，又能祛寒凉。

平平淡淡才是真
# 鸡汤虾干豌豆尖

🕐 25分钟　　🍴 中级

**主料：** 豌豆尖300克

**辅料：** 鸡高汤适量｜食用油少许｜虾干10个｜盐少许

## 做法

1 虾干用清水洗净泥沙，浸泡约10分钟备用。

2 豌豆尖洗净，沥干。

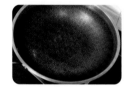

3 炒锅烧热，放入适量油，转动锅体让油均匀地分布。

4 用厨房纸巾将虾干吸干水分，下入锅中小火爆香。

5 倒入鸡高汤大火煮沸，下入豌豆尖烫煮约2分钟。

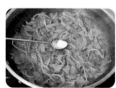

6 豌豆尖变色时加盐调味，即可关火。

### 烹饪秘籍

这一碗既能当汤又能当菜，如果觉得当菜吃太过于汤水淋漓的话，勾一层薄薄的芡汁也行。

清爽脆嫩的豌豆尖，配上鲜美的汤汁，暖心又暖胃。有时候吃多了大餐珍馐，只想来一碗平平淡淡的小青菜熨帖肠胃。

133

云南小烧烤
# 香烤厚切猪五花

 25分钟  初级

> 就算没有条件，也要在家创造条件吃的云南小烧烤。单山蘸水可以说是云南人心中的"老干妈"了，它也是云南烧烤的灵魂食材。

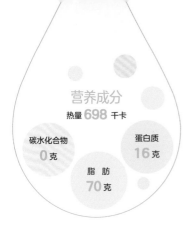

营养成分

热量 698 千卡

碳水化合物 0 克

蛋白质 16 克

脂肪 70 克

主料：猪五花肉200克

辅料：海鲜酱油2汤匙 | 白芝麻少许 | 香菜1棵
云南单山辣椒粉（也可换小米椒）适量
大蒜2瓣

# 做法

1 五花肉洗净，用厨房纸巾吸干水分，切成约1厘米厚的片。

2 烤盘中铺一张油纸，将五花肉均匀地铺在烤盘上。

## 烹饪秘籍

猪肉纤维没有牛肉的粗，所以烤猪五花的时候，一定要切得厚一点，吃起来才更过瘾哦。

3 将烤盘放入烤箱中190℃烤约10分钟，然后将五花肉翻面再烤10分钟。

4 在烤五花肉的过程中，将香菜、大蒜洗净，分别切碎。

5 在小碗中加入海鲜酱油、香菜末、蒜末、辣椒粉作为蘸汁。

6 猪五花烤好后，装盘，撒上少许白芝麻增香，即可蘸汁食用。

## 简单快手餐

# 手工猪肉洋葱汉堡排

🕐 20分钟　🍴 初级

**主料：** 猪肉300克 | 洋葱1/2个

**辅料：** 牛奶20毫升 | 鸡蛋1个
　　　　盐适量 | 生抽1汤匙

**营养成分**　热量 **552** 千卡

| 碳水化合物 | 脂 肪 | 蛋白质 |
|---|---|---|
| **17** 克 | **23** 克 | **68** 克 |

想吃汉堡不用叫外卖，在家一样可以吃得很舒服。做好的猪肉排可以放在冰箱冷冻保存，吃之前取出，放入锅中煎至两面焦黄即可。

## 做法

 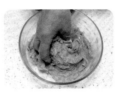  

1 猪肉和洋葱切大块，放入料理机中一同打成肉糜。

2 在肉糜中加入牛奶、蛋液、盐、生抽，抓匀至上劲。

3 取适量肉糜，整理成拳头大小的肉饼。

4 将油纸裁成适宜大小，贴在肉饼两面，放入冰箱冷冻保存，食用前取出，室温解冻几分钟，双面煎熟即可。

**烹饪秘籍**

煎汉堡排的时候要用中小火，煎至两边焦黄时可以在锅中稍微洒一点儿清水，盖上锅盖焖一会儿，更容易煎熟还不会煳。

## 不要面的汉堡包
# 香菇酱煎牛肉饼汉堡

🕐 20分钟　🍴 中级

**主料：** 牛肉末300克 | 鸡蛋1个
**辅料：** 牛奶20毫升 | 煎荷包蛋1个 | 生菜2片 | 香菇酱少许
橄榄油少许 | 盐适量 | 现磨黑胡椒少许

**营养成分** 热量 **522** 千卡

| 碳水化合物 | 脂肪 | 蛋白质 |
| --- | --- | --- |
| 6克 | 22克 | 77克 |

用肉饼代替汉堡坯，低糖、低碳水却富含大量的蛋白质。这个简单的自制汉堡对健康更有保障。

# 做法

1 牛肉末放入大碗中，敲入一个鸡蛋，倒入牛奶、盐和现磨黑胡椒，充分搅拌均匀。

2 取适量牛肉馅，放在掌心来回拍打调整成肉饼状。

3 平底煎锅烧热，倒入少许橄榄油，将肉饼放入锅中，中小火慢煎至两面金黄。

4 用厨房纸巾吸去牛肉饼上多余的油脂，一侧抹上香菇酱，然后将煎荷包蛋、生菜夹起来即可。

**烹饪秘籍**

香菇酱的做法很简单，500克香菇取一半切成小丁，另一半搅打成泥，锅中加入底油烧热后，下入香菇炒香。加入清水没过香菇，调入适量生抽、老抽和盐，大火煮至水分收干即可。

汤比鱼更鲜

# 咸肉小黄鱼汤煲

 45分钟　🍴 高级

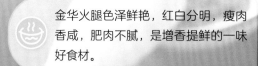 金华火腿色泽鲜艳，红白分明，瘦肉香咸，肥肉不腻，是增香提鲜的一味好食材。

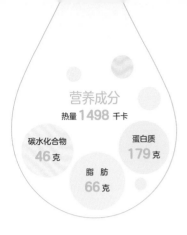

## 营养成分

热量 **1498** 千卡

碳水化合物 **46** 克

蛋白质 **179** 克

脂肪 **66** 克

主料：小黄鱼5条

辅料：盐少许 | 白胡椒粉少许 | 小葱1棵 | 香菜1棵
金华火腿1小块 | 食用油适量 | 老豆腐1块

# 做法

1 小黄鱼洗净，剖开取出内脏，用厨房纸巾吸干水分备用。

2 香菜和小葱洗净，切去底部老根后，切碎。

3 金华火腿切成薄片，老豆腐切成麻将块大小。

4 炒锅烧热，倒入适量油，将小黄鱼两面煎至焦黄。可以多煎一会儿，让鱼肉充分定形。

5 小黄鱼煎好后，倒入足量开水。大火煮沸后转中小火慢炖一会儿。

6 鱼汤变成奶白色时，再次转大火。下入火腿片、老豆腐，炖煮3~5分钟。

7 根据个人口味，在锅中调入白胡椒粉和盐即可关火。

8 将咸肉小黄鱼盛入汤煲中，撒入葱花、香菜即可。

**烹饪秘籍**

炖汤时用的火腿片，可以稍微切得厚一些。太薄了容易煮散，约0.5厘米的厚度正好。如果想在炒菜时加入火腿提升鲜味，那么切丝、切丁、切末皆可。火腿味咸，用一小撮来调味就够了。

懒人必备
## 盐煎海鲈鱼

🕐 30分钟　🍴 初级

蒸鱼吃腻了，试着煎一煎吧。煎好的鱼外焦里嫩，特别是脆脆的鱼皮，跟蒸鱼相比又是另外一种风味。

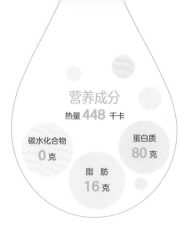

营养成分

热量 **448** 千卡

碳水化合物
**0** 克

蛋白质
**80** 克

脂 肪
**16** 克

**主料**：海鲈鱼1条

**辅料**：料酒2汤匙｜葱花少许｜生姜3片｜大蒜2瓣
现磨海盐少许｜食用油适量

# 做法

1 海鲈鱼解冻后刮去鳞片，去鳃、去内脏后清洗干净。大蒜切片。

2 用料酒把鱼肉抹匀，放入姜片和蒜片，腌制15分钟。

**烹饪秘籍**

最后用料酒焖制海鲈鱼可以进一步去除腥气，还能在保证鱼鲜嫩程度的基础上更好地将鱼肉内部焖熟。

3 取一张厨房纸巾，把鱼表面的水分吸干一些。

4 平底锅烧热，淋入少许油，把海鲈鱼放入煎5分钟，一面煎至金黄焦香后，翻面再煎5分钟。根据鱼的大小和厚度适当调整煎鱼时间。

5 等鱼煎得差不多了，在锅中加入一小勺料酒，盖上锅盖稍微焖制一会儿。

6 将鱼取出放入盘中，撒上葱花和现磨海盐即可。

**色泽艳丽，奶香鲜嫩**

# 银鱼滑蛋

🕐 20分钟　🍴 初级

银鱼是一种鱼类珍品，营养丰富，有"水中的软白金""鱼参"之美称，堪称河鲜之首。银鱼体小，骨刺也柔嫩，内脏、头、翅均不用去掉，整体皆可食用。

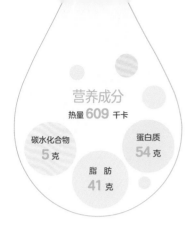

营养成分

热量 **609** 千卡

碳水化合物 **5** 克

蛋白质 **54** 克

脂 肪 **41** 克

**主料：**鸡蛋3个 | 银鱼适量

**辅料：**盐1茶匙 | 料酒1汤匙 | 黄油20克

牛奶20毫升

# 做法

**烹饪秘籍**

银鱼腌好后先倒掉多余的汁水，用厨房纸巾吸干后再放入蛋液中混合。这样可以防止银鱼的腥气混入蛋液中影响味道。

1 新鲜的银鱼用清水冲洗干净，如果是干银鱼，则需提前用清水泡发备用。

2 银鱼沥干，用料酒和少许盐抓匀，腌制片刻，去腥入味。

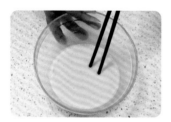

3 鸡蛋在碗中打散，加入牛奶搅打均匀。

4 将蛋液和银鱼混合在一起，准备下锅。

5 不粘锅烧热，加入黄油，黄油化开后晃动锅体，使锅底均匀地铺上一层黄油。

6 油温八成热时，倒入银鱼蛋液滑炒。待蛋液微微凝固，即可关火，利用锅中的余热炒熟出锅。

拒绝油腻，清新一下

# 清蒸柠檬鳕鱼

⏱ 25分钟　🥄 初级

鳕鱼是很多人都喜欢的食材，肉质细嫩，营养丰富，而且怎么煮都能保持滑嫩的口感。可以说是低脂、低热量、低糖饮食的首选食材了。

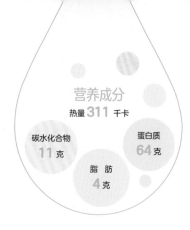

营养成分

热量 **311** 千卡

碳水化合物
**11** 克

蛋白质
**64** 克

脂肪
**4** 克

主料：鳕鱼1块 ｜ 黄柠檬4片
辅料：芦笋4根 ｜ 盐少许 ｜ 现磨黑胡椒少许

# 做法

1 冷冻的鳕鱼提前取出，在室温下解冻，清水冲洗干净后用厨房纸巾吸干水分。

2 用少许盐和现磨黑胡椒轻轻揉搓鳕鱼表面，腌制约10分钟入味。

**烹饪秘籍**

蒸完鳕鱼后盘子里会有很多水，可以将多余的水倒出，如果觉得味道较淡，淋上一些蒸鱼豉油调味即可。

3 芦笋洗净后切去底部老根，对半切成两段。

4 取一个平盘，底部铺上芦笋，再盖上两片柠檬。

5 将腌好的鳕鱼放上，然后再盖上2片柠檬。

6 蒸锅加入适量清水，将鳕鱼冷水上锅，大火蒸约10分钟即可。

# 椒盐九肚鱼

🕐 45分钟　　🖌 高级

在南方海边城市的大排档，总有一道金字招牌——椒盐九肚鱼，脆香外壳里的鱼肉是爆汁级别的软嫩，拿来送粥下酒都很合适。

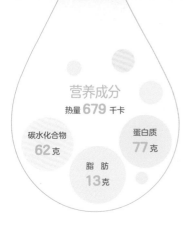

## 营养成分

热量 **679** 千卡

碳水化合物 **62**克

蛋白质 **77**克

脂肪 **13**克

**主料：** 九肚鱼400克

**辅料：** 鸡蛋1个｜盐少许｜料酒1汤匙｜葱花少许
椒盐少许｜面粉1汤匙｜红薯淀粉2汤匙
食用油适量

# 做法

1 九肚鱼洗净去除内脏，去头去骨。

2 用少许盐和料酒将九肚鱼腌制约10分钟。

**烹饪秘籍**

九肚鱼肉质细嫩，只要把中间较大的骨刺去掉，其他小刺用油一炸就酥了，一点都不会影响口感。

3 鸡蛋在碗中打散，加入2汤匙红薯淀粉、1汤匙面粉和少许盐，搅拌均匀。

4 炒锅烧热，倒入适量油，油温七成热时，将九肚鱼均匀地挂上面糊，中火炸至淡黄。

5 九肚鱼炸好后捞出，再次下入油锅中复炸一次（约10秒），面糊金黄即可捞出，沥去油分。

6 均匀地撒上少许椒盐和葱花即可。

蛋白质宝库

# 锡纸包烤扇贝柱

🕐 25分钟　🍴 中级

**主料：**扇贝柱300克｜娃娃菜1棵
**辅料：**蒜末3汤匙｜生抽2汤匙｜料酒1汤匙｜橄榄油少许

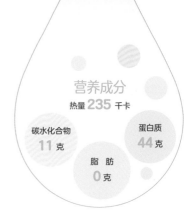

营养成分

热量 **235** 千卡

碳水化合物 **11** 克

蛋白质 **44** 克

脂肪 **0** 克

扇贝柱就是扇贝中那一块比较硬的圆柱形的肉，扇贝柱的蛋白质含量非常高，可以用锡纸包烤，也可以煲汤煮粥。

148

## 做法

1 扇贝柱洗净，用厨房纸巾吸取多余的水分。

2 娃娃菜洗净沥干，撕下叶片，较厚的叶片可以顺着中间的脉络纵向撕成两半。

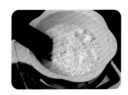

3 炒锅烧热，倒入少许橄榄油，将蒜末爆香。

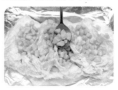

4 烤盘铺锡纸，最下层铺娃娃菜，扇贝柱放在上方。

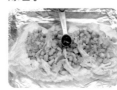

5 将炒好的蒜蓉连同橄榄油一起铺在最上方，淋入生抽和料酒。

6 将锡纸包好，放入烤箱200℃烤约15分钟。

**烹饪秘籍**

炒蒜蓉的时候火候不要太大，蒜焦了会有点苦，炒到半熟时、有香气飘出即可关火。喜欢吃辣的朋友还可以放一些小米椒碎一起翻炒。

最爱原味的鲜

## 橄榄油烤花蛤

🕐 50分钟 🍴 初级

**主料：** 花蛤500克
**辅料：** 盐2茶匙 | 橄榄油少许 | 现磨黑胡椒少许

**营养成分** 热量 **225** 千卡

| 碳水化合物 | 脂肪 | 蛋白质 |
| --- | --- | --- |
| **10**克 | **5**克 | **40**克 |

街边的小吃店里总有一道招牌烤花蛤，虽然宾客爆满但总有些遗憾，因为蒜和辣椒太多，辣到舌头已经尝不出花蛤的鲜味了，还是自己做的最棒。

## 做法

1 花蛤放入水中，撒入1茶匙盐，浸泡约半小时，让花蛤吐沙。

2 用小刷子将花蛤外壳刷洗干净，沥干备用。

3 花蛤放入烤盘，均匀地喷洒橄榄油，撒入盐和现磨黑胡椒。

4 将烤盘放入烤箱中层，200℃烤15分钟，花蛤壳都张开即可。

🍲 **烹饪秘籍**

这道菜其实不局限于烤花蛤，其他贝类也都可以用这种方式来烤。蛏子、沙白、甚至元贝都可以素烤试试看。

**汤汁鲜浓**

# 椰香青口

🕐 15分钟　🍴 初级

 青口即海虹、贻贝。贝类的美妙之处
就在于"鲜",不用加调味料就已经够
鲜美了。即使是很简单的烹饪方式,
端上桌也能让人夸赞不已。

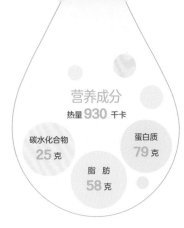

营养成分
热量 **930** 千卡

碳水化合物
**25** 克

蛋白质
**79** 克

脂肪
**58** 克

**主料：** 海虹10只 | 椰浆100毫升
**辅料：** 大蒜5瓣 | 黄油10克 | 香菜1根

# 做法

1 大蒜剥皮，切碎。

2 用小刷子将海虹刷洗干净，拔去足丝。

**烹饪秘籍**

海虹上像草一样的须是它的"足丝"，通过足丝海虹就可以把自己固定在海底的石头上。处理海虹时，轻轻扯掉或者用剪刀剪掉足丝即可。

3 炒锅烧热，中小火将黄油化开，下入蒜末，煸出香气。

4 下入海虹，翻炒约1分钟。

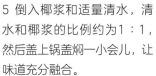

5 倒入椰浆和适量清水，清水和椰浆的比例约为1：1，然后盖上锅盖焖一小会儿，让味道充分融合。

6 将海虹盛出，放入香菜点缀即可。

果味清新
# 泰式柠檬焖蒸海虹

⏱ 15分钟　🍴 中级

海虹肉质饱满、紧实，是美食料理家的宠儿。通过泰式香料的熏蒸会形成巧妙的化学反应。

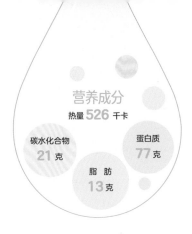

## 营养成分

热量 **526** 千卡

碳水化合物 **21** 克

蛋白质 **77** 克

脂肪 **13** 克

**主料：**海虹10只

**辅料：**青柠檬1/2个｜黄柠檬1/2个｜香茅1根
姜2片｜海鲜酱油少许

# 做法

1 海虹洗净，拔去足丝。

2 掰开海虹的外壳，留下有肉的一半备用。

**烹饪秘籍**

购买海虹时，应该挑选壳身完整、壳口紧闭或者轻轻敲击即立刻紧闭的海虹。这样的海虹最新鲜，冲洗干净去除泥沙即可。

3 青、黄柠檬切薄片，香茅斜切成段。

4 平底锅中加入少许清水，放入香茅、姜片和海鲜酱油，大火煮开。

5 汤汁煮沸后转中火，将海虹有肉的一面朝下，盖上锅盖，中火焖蒸6~8分钟。

6 翻转海虹，将有肉的一面朝上，并铺上柠檬片，盖上锅盖，关火闷2分钟即可。

西餐厅的秘方
# 蒜香黄油烤海虾

🕐 15分钟　🍴 初级

料理体形较大的海虾，剥壳绝对是下下策的做法。虾壳与热油接触会产生奇妙的焦香，满足你的味蕾。

## 营养成分

热量 **592** 千卡

碳水化合物
**24** 克

蛋白质
**88** 克

脂肪
**20** 克

**主料：** 大海虾4只

**辅料：** 橄榄油适量 | 海盐适量 | 现磨黑胡椒适量
大蒜1头 | 黄油15克 | 柠檬1/4个

# 做法

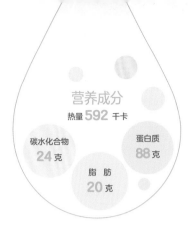

1 大蒜剥去外皮，用工具压成蒜泥。

2 黄油放进小碗中，隔水化成液体。

**烹饪秘籍**

因为烹饪的时间很短，所以要尽可能将大蒜磨碎或切碎成蒜蓉，太大颗的蒜粒一方面味道无法充分释放出来，另一方面也有些影响口感。

3 在黄油液中加入蒜泥、海盐和现磨黑胡椒，挤入柠檬汁混合均匀。

4 海虾洗净后用厨房纸巾吸干水分，剪去长须和虾脚，对半剖开。

5 烤盘上抹少许橄榄油，将剖开的虾肉朝上，摆放在烤盘内。

6 将混合好的黄油调料均匀地涂抹在虾肉上，然后放入烤箱，200℃度烤约8分钟即可。

酸酸辣辣的云南味

## 傣味拌青笋丝

🕐 15分钟　　🍴 中级

**主料：** 青笋1根
**辅料：** 大蒜3瓣｜青柠檬1/2个
　　　　小米椒4个｜盐少许

营养成分　热量 **60** 千卡

| 碳水化合物 | 脂肪 | 蛋白质 |
| --- | --- | --- |
| **12**克 | **0**克 | **4**克 |

如果你到了云南，除了过桥米线你一定要试试"傣味"。"傣味"是指傣族的饮食，特点在于以酸味见长，和泰国菜有点像，充满异域风情。

# 做法

1 青笋削去外皮，切成尽可能细的丝。

2 大蒜剥皮后切碎，小米椒洗净切成辣椒圈。

3 将笋丝放入碗中，加入盐、蒜末、小米椒，挤入青柠檬汁。

4 用手将青笋和碗中的调料拌匀，腌制10分钟入味即可。

### 烹饪秘籍

切好的青笋丝可以放到凉水中浸泡几分钟，捞出沥干后再拌调料。泡过凉水的青笋丝会变得更加爽脆。

第 三 章

# 鸭血豆腐汤

🕐 15分钟　　🍴 初级

鸭血豆腐汤并非真的有豆腐，而是用鸭血做成的血豆腐。血豆腐也被外国人称为"液体肉"，营养价值很高，让你在补充蛋白质的同时，既补铁又护肝。

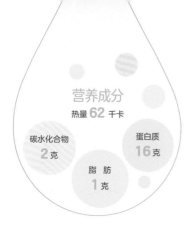

营养成分

热量 **62** 千卡

碳水化合物
**2** 克

脂 肪
**1** 克

蛋白质
**16** 克

主料：鸭血1小块 | 小油菜2棵

辅料：姜2片 | 香油少许 | 现磨黑胡椒少许

白胡椒粉少许 | 盐1/2茶匙

# 做法

1 小油菜洗净，掰下叶片备用。

2 鸭血用清水冲洗一下，切成1厘米见方的小块。

**烹饪秘籍**

血制品难免会有一些腥气，适当放一点儿香油或者黑、白胡椒粉可以中和鸭血的腥味，给汤品增加风味。

3 汤锅中加入清水和姜片煮沸，将鸭血块放入氽水，去除腥味后捞出沥干。

4 另起锅放入适量清水，倒入鸭血炖煮约5分钟。

5 继续在锅中放入小油菜，煮至变色。

6 撒入盐、现磨黑胡椒、白胡椒粉和香油调味，关火盛出即可。

低糖日常餐
# 冬瓜虾仁燕麦汤

🕐 20分钟　🍴 初级

一碗咸香的燕麦汤，蔬菜、肉类和主食都有了，维生素、蛋白质和优质碳水化合物都不缺，一个人在家也要好好吃饭。

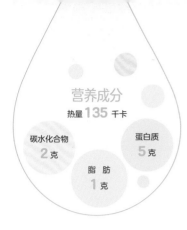

营养成分

热量 **135** 千卡

碳水化合物
**2** 克

蛋白质
**5** 克

脂肪
**1** 克

主料：燕麦片30克｜冬瓜1块｜虾仁50克
辅料：食用油1汤匙｜现磨黑胡椒适量
　　　盐适量

# 做法

1 虾仁提前取出解冻，洗净后用适量盐和现磨黑胡椒腌制入味。

2 冬瓜去皮去瓤，切成适口大小。

**烹饪秘籍**

其实这款汤很简单，没有什么特别的秘籍。只要根据个人喜好，适当延长或缩短烹饪的时间，控制好燕麦片的软硬程度就好了。如果煮太久，可就变成一锅燕麦粥了。

3 炒锅烧热，倒油，将虾仁下入，翻炒至变色后捞出。

4 利用锅中的底油将冬瓜翻炒一下。

5 倒入适量清水煮沸，下入燕麦片和虾仁，搅拌均匀。

6 待燕麦片和冬瓜煮软，加入适量盐调味即可。

高蛋白，低热量，无碳水

# 小白菜氽鸡肉丸子汤

🕐 30分钟　🍴 中级

鸡肉可以说是健身界出场率最高的高蛋白食物，鸡胸肉还是鸡身上脂肪含量最少的部位，多吃一点儿也不会给身体造成负担。

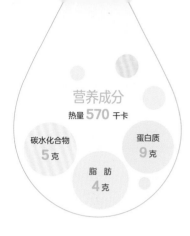

**营养成分**

热量 **570** 千卡

碳水化合物 **5**克

蛋白质 **9**克

脂肪 **4**克

主料：鸡胸肉1块 | 小白菜1小把 | 鸡蛋1个
辅料：葱花适量 | 料酒1汤匙 | 黑胡椒粉适量 盐适量

# 做法

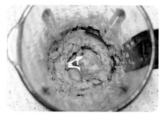

1 鸡肉洗净切小块，放入料理机中打成肉泥。

2 将鸡蛋的蛋清分离出来，搅打出泡沫。

3 在鸡肉泥中加入打好的蛋清、葱花、黑胡椒粉、盐和料酒，用筷子朝一个方向搅打上劲。

4 起一锅水煮沸，用勺子取适量肉泥团成鸡肉丸，放入水中煮熟。

5 丸子浮起来就可以出锅了，留出够吃一次的量，剩余放入冰箱冷冻。

6 小白菜洗净，切去老根备用。

7 另起锅，加入足量清水，冷水下入鸡肉丸子，煮至沸腾。

8 下入小白菜叶，加入盐调味，小白菜变色即可关火。

**烹饪秘籍**

做好的丸子可以煮汤喝，也可以煎着吃。同样的方法可以做猪肉、牛肉、鱼肉各种丸子。

一滴油都不加

# 黑胡椒手打牛肉丸汤

🕐 80分钟　🍴 高级

牛肉是非常好的低糖食材，不仅富含蛋白质而且碳水化合物含量几乎为零。吃了牛肉会让人充满能量，增肌减脂阶段也很适合食用。手打牛肉丸原料令人放心，不用担心有乱七八糟的添加剂。

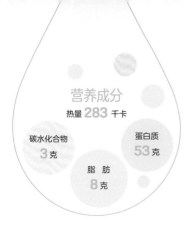

**营养成分**

热量 **283** 千卡

碳水化合物 **3** 克

脂肪 **8** 克

蛋白质 **53** 克

**主料**：牛肉250克

**辅料**：盐少许｜淀粉2汤匙｜香菜末少许
香芹末少许｜现磨黑胡椒少许

# 做法

1 牛肉洗净，用厨房纸巾吸干水分。

2 将牛肉放在砧板上，用刀快速将牛肉剁成肉泥。

3 大约剁30分钟后，在肉泥上均匀地撒少许盐、现磨黑胡椒和淀粉。

4 用刀将四周的肉泥向中间汇集起来，然后继续用刀朝各个方向剁约10分钟，使牛肉与调料混合均匀。

5 汤锅加入足量清水，烧热至70~80℃、不沸腾的状态。

6 等水加热的过程中，用汤匙取适量肉泥团成大小适中的手打牛肉丸。

7 水烧热后，小火保持水温，下入丸子慢煮约10分钟。丸子漂起、颜色发白就说明熟了。

8 若一次吃不完，可以捞出适量放入冰箱冷冻，撇去锅中的浮沫后，撒入香菜末和香芹末即可。

**烹饪秘籍**

手打牛肉丸太辛苦，那就用料理机先将牛肉绞成泥吧，待绞得差不多时，再将肉泥取出，顺着一个方向搅拌上劲即可。

# 喝到一滴都不剩
## 蛤蜊丝瓜汤

🕐 45分钟　🍴 中级

蔬菜中属丝瓜最滑嫩鲜美，贝壳中的蛤蜊虽不起眼却也担当得起"鲜美"二字。如果把这地上、海里的两种食材凑到一起，那味道必定是不得了。

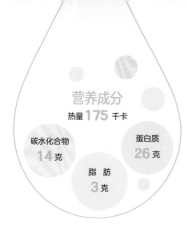

营养成分

热量 **175** 千卡

碳水化合物 **14** 克

蛋白质 **26** 克

脂肪 **3** 克

主料：蛤蜊300克 | 丝瓜1/2根

辅料：姜丝少许 | 盐适量 | 现磨黑胡椒少许
食用油少许

# 做法

1 蛤蜊洗净，放入小盆中，加入清水和几滴油，浸泡半小时以上，使蛤蜊吐沙。

2 削去丝瓜的外皮，切成适口大小的滚刀块。

**烹饪秘籍**

丝瓜略微翻炒后在锅中加入热水，可以避免丝瓜因炒太久而变黑。

3 炒锅烧热，放入少许油，将姜丝下入锅中，炒出香气。

4 倒入丝瓜，翻炒均匀。

5 在锅中加入适量热水，水沸后加入蛤蜊，煮至开口。

6 调入适量盐和现磨黑胡椒，即可关火出锅。

汤美味，肉滑嫩
## 茼蒿鱼片汤

🕐 25分钟　🥄 初级

鱼片滑嫩爽口，茼蒿苗柔嫩清香，在一起煲汤真是非常完美的组合，最重要的是非常简便快捷，没什么时间也能好好吃饭。

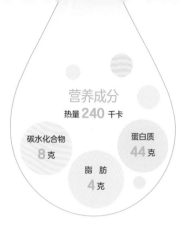

营养成分

热量 **240** 千卡

碳水化合物
**8**克

蛋白质
**44**克

脂肪
**4**克

主料：龙利鱼200克 | 茼蒿1小把

辅料：姜4片 | 蒜3瓣 | 白胡椒粉少许 | 盐少许

料酒1汤匙 | 食用油少许

# 做法

1 龙利鱼提前解冻，清水洗净后切成薄厚均匀的片。

2 用盐、料酒、白胡椒粉将鱼片抓匀，腌制10分钟入味。

3 茼蒿洗净，切成手指长的小段。

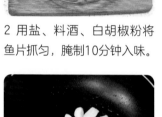

4 炒锅烧热，倒入少许油，放入姜、蒜爆香。

5 倒入足量清水，煮至快要沸腾，转小火将姜、蒜捞出弃去不用。

6 放入鱼片和茼蒿，煮3～5分钟，加入少许盐调味即可。

**烹饪秘籍**

在水还没开的时候放入鱼片，控制好火候不要让水沸腾，等鱼片煮得有些变色发白再将水煮开，这样就可以尽量避免鱼汤起沫。

清肝明目，补中益气

## 枸杞叶猪肝汤

⏱ 25分钟　🍴 中级

广东人喜欢把猪肝叫作"猪润"，据传是因为"肝"的谐音字是"干"，寓意是缺水、没钱，而"润"字寓意有水有财，屋肥家润。希望这道菜能滋润你的身心，让美好的事物随之即来。

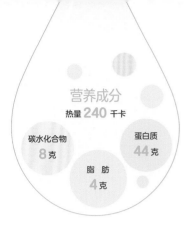

## 营养成分

热量 **240** 千卡

碳水化合物 **8**克

蛋白质 **44**克

脂肪 **4**克

**主料：** 龙利鱼200克 ┃ 茼蒿1小把

**辅料：** 姜4片 ┃ 蒜3瓣 ┃ 白胡椒粉少许 ┃ 盐少许 料酒1汤匙 ┃ 食用油少许

# 做法

1 龙利鱼提前解冻，清水洗净后切成薄厚均匀的片。

2 用盐、料酒、白胡椒粉将鱼片抓匀，腌制10分钟入味。

**烹饪秘籍**

在水还没开的时候放入鱼片，控制好火候不要让水沸腾，等鱼片煮得有些变色发白再将水煮开，这样就可以尽量避免鱼汤起沫。

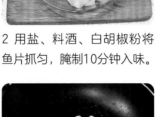

3 茼蒿洗净，切成手指长的小段。

4 炒锅烧热，倒入少许油，放入姜、蒜爆香。

5 倒入足量清水，煮至快要沸腾，转小火将姜、蒜捞出弃去不用。

6 放入鱼片和茼蒿，煮3~5分钟，加入少许盐调味即可。

清肝明目，补中益气
# 枸杞叶猪肝汤

🕐 25分钟　　🍳 中级

广东人喜欢把猪肝叫作"猪润"，据传是因为"肝"的谐音字是"干"，寓意是缺水、没钱，而"润"字寓意有水有财，屋肥家润。希望这道菜能滋润你的身心，让美好的事物随之即来。

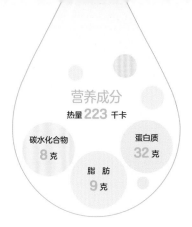

## 营养成分

热量 **223** 千卡

碳水化合物 **8** 克

蛋白质 **32** 克

脂肪 **9** 克

主料：猪肝150克 | 枸杞叶100克

辅料：料酒1汤匙 | 姜丝少许 | 盐少许

干枸杞子10颗 | 淀粉1汤匙

# 做法

1 枸杞叶洗净沥干，一片片择下备用。

2 猪肝切成薄片，用清水冲洗至没有血水渗出。

3 用姜丝、料酒和淀粉将猪肝抓匀，腌制约10分钟去腥提鲜。

4 干枸杞子用清水冲洗掉浮灰，放到小碗中，加入少许清水提前泡开。

5 锅中加入足量清水煮沸，放入腌制的猪肝快速汆水，猪肝变色并且有浮沫漂起即可捞出。

6 用冷水将猪肝表面的浮沫冲洗干净，姜丝弃去不用。

7 另起锅，加入清水煮沸，下入猪肝和枸杞叶，中大火煮至再次沸腾。

8 加入枸杞子，调入少许盐即可。

**烹饪秘籍**

新鲜的猪肝含血量丰富，是很好的补铁食材。但血水太多不仅影响卖相，也会影响汤水的口感。用清水浸泡一会儿，并在流动的水下轻轻揉搓冲洗，就可以尽可能去除猪肝中的淤血了。

韩国家常汤
# 韩式海菜豆腐汤

🕐 20分钟　　🍴 初级

海菜豆腐汤可以说是韩式汤的基底，千变万化却不离其宗。根据个人口味可以放入辣白菜、牛肉、豆芽等食材，喝下去暖暖的，微微出汗特别舒服。

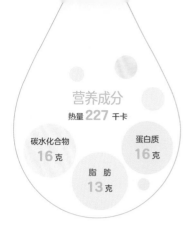

营养成分

热量 **227** 千卡

碳水化合物 **16** 克

蛋白质 **16** 克

脂肪 **13** 克

**主料：** 嫩豆腐1块 ┃ 干海菜适量
**辅料：** 盐1茶匙 ┃ 香油少许 ┃ 白芝麻少许
韩式辣酱少许

# 做法

1 干海菜用清水冲洗去掉表面的浮灰。

2 小汤锅加入适量清水煮沸，放入干海菜煮约10分钟。

3 煮海菜时，将嫩豆腐切成适口大小。

4 将嫩豆腐也放入锅中，转中小火煮约5分钟。

5 在锅中调入盐，喜欢吃辣的话也可以加入一点韩式辣酱。

6 最后淋入少许香油，撒上芝麻即可。

**烹饪秘籍**

家庭买到的海菜一般都是干制的或者盐渍的，若是干制的只需要清洗干净即可，若是盐渍的，则需要提前用清水多浸泡清洗几次，洗去多余的盐分。

快手解油腻
# 鸡毛菜芙蓉汤

🕐 10分钟　🔪 初级

小白菜的幼苗俗称鸡毛菜，其口感和质地柔嫩，味道清香，一年四季都有供应，想喝一道快手汤就选它吧。

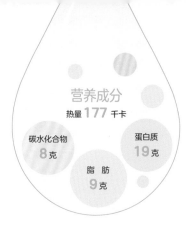

## 营养成分

热量 **177** 千卡

碳水化合物 **8**克

蛋白质 **19**克

脂 肪 **9**克

**主料：**鸡毛菜200克｜鸡蛋1个
**辅料：**盐1茶匙｜白胡椒粉少许｜食用油少许

# 做法

1 鸡毛菜择干净，洗好备用。

2 鸡蛋在碗中打散，将蛋黄与蛋清充分搅打均匀。

3 炒锅烧热，倒入少许油，倒入蛋液快速划散，定形后即可盛出。

4 不用洗锅，保留锅中的底油，倒入清水煮沸。

5 水沸腾时，下入鸡毛菜与炒好的鸡蛋。煮至鸡毛菜变色即可关火。

6 根据个人口味，调入盐和白胡椒粉即可。

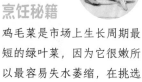

**烹饪秘籍**

鸡毛菜是市场上生长周期最短的绿叶菜，因为它很嫩所以最容易失水萎缩，在挑选鸡毛菜时，要选刀口有水珠的，这种新鲜度最高。

一碗热汤，温暖肠胃

# 五彩干贝汤

🕐 20分钟　🥄 中级

一碗五颜六色的热汤，食材就很丰富了。干贝个头虽不大，但却异常鲜美，无论是做汤还是炒着吃都很鲜美。

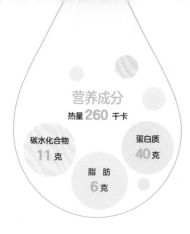

## 营养成分

热量 **260** 千卡

碳水化合物 **11** 克

蛋白质 **40** 克

脂肪 **6** 克

**主料：** 干贝适量 | 鸡蛋1个

**辅料：** 胡萝卜1/4个 | 小葱1棵 | 香菇1朵
淀粉2茶匙 | 盐适量 | 食用油少许

# 做法

**烹饪秘籍**

品质好的干贝颗粒完整、大小均匀、颜色淡黄，如果发黑或者发白都是不新鲜的信号。干贝放的时间越长越不好，所以不要一次囤太多。

1 干贝用温水浸泡约10分钟，顺着纹理撕成干贝丝。

2 将食材洗净，胡萝卜、香菇切细丝，小葱切碎备用。

3 鸡蛋在碗中打散，蛋清和蛋黄不用完全搅拌均匀，两种颜色更漂亮。

4 炒锅烧热，倒入少许油，将干贝丝、香菇丝和胡萝卜丝下入锅中，炒香。

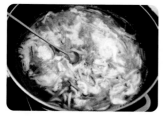

5 加入两碗清水大火煮沸，水沸后倒入蛋液搅出蛋花。

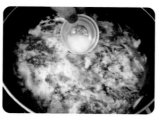

6 撒入小葱，调入盐和淀粉，即可出锅。

# 健康果蔬汁自己做
## 菠菜柠檬绿茶

🕐 5分钟　🥄 初级

**主料：** 菠菜2棵 | 柠檬1个
**辅料：** 绿茶10克

**营养成分** 热量 **90** 千卡

| 碳水化合物 | 脂肪 | 蛋白质 |
|:---:|:---:|:---:|
| **15**克 | **11**克 | **6**克 |

绿茶采用茶树的嫩芽制作而成，极大程度上保留了茶叶的天然物质，富含茶多酚、叶绿素、氨基酸、维生素等营养成分。

## 做法

1 菠菜洗净，焯水变色后捞出冷却。

2 将绿茶放入茶壶中，倒入约85℃的热水，浸泡约2分钟滤出茶汤。

3 把菠菜切成小段，柠檬对半切开。

4 将菠菜放入料理机，挤入柠檬汁，倒入绿茶，搅打均匀即可。

### 烹饪秘籍

冲泡绿茶时千万不要用100℃的沸水直接冲泡，尤其是茶叶鲜嫩的上好绿茶，用约80℃的水温比较合适。如果时间充足，可以用常温水将绿茶泡好，放入冰箱冷藏一夜做成冷泡茶。

## 纯绿色的健康饮品
# 苦瓜黄瓜青汁

🕐 5分钟　🍴 初级

**主料：** 苦瓜1根 | 黄瓜1根
**辅料：** 青汁粉少许

**营养成分** 热量 **76** 千卡

| 碳水化合物 | 脂肪 | 蛋白质 |
| --- | --- | --- |
| **16**克 | **0**克 | **4**克 |

人们对苦瓜的态度可以说泾渭分明，喜欢的人把它视为餐桌上的佳肴，不喜欢的人却对它敬而远之。苦瓜中的苦瓜多肽类物质具有降血糖的功能，想要预防和改善糖尿病，平常"多吃点苦"很有必要。

## 做法

1 将苦瓜和黄瓜洗净，将苦瓜剖开，挖去白色的瓤和籽。

2 处理好的苦瓜和黄瓜全部切成小丁。

3 将苦瓜丁和黄瓜丁放入料理机中，加入少许饮用水。

4 放入少许青汁粉，搅打均匀即可。

**烹饪秘籍**
如果觉得苦瓜太苦，可将其切成小丁后放入冷水中浸泡一会儿，这样就可以消除部分苦味了。

# 紫甘蓝车厘子汁

抗氧化，添活力

🕐 5分钟　🍴 初级

主料：紫甘蓝1/4个
辅料：车厘子10颗

营养成分　热量 **88** 千卡

| 碳水化合物 | 脂 肪 | 蛋白质 |
| --- | --- | --- |
| **22** 克 | **0** 克 | **2** 克 |

车厘子是樱桃的一种，外表色泽鲜艳，像玛瑙一样润泽。车厘子中维生素C的含量丰富，可以让皮肤更加光滑润泽。紫甘蓝富含花青素，具有抗氧化的作用，二者搭配相辅相成。

## 做法

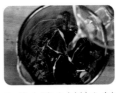

1 紫甘蓝洗净，切去底部的老根后，将叶片改刀切成小块备用。

2 车厘子洗净后，去蒂、去核，留下果肉。

3 将上述食材放入料理机中，加入100毫升饮用水，搅打均匀。

4 将打好的果蔬汁倒入杯中，就可以享用了。

### 烹饪秘籍

紫甘蓝汁冷热饮用皆可，肠胃功能较弱的老人和小孩可以将饮用水替换成温开水，这样打出的果蔬汁微微温热，入口正合道

粉红色的回忆

## 洛神花饮

🕐 15分钟　🍴 初级

**主料：** 洛神花5朵
**辅料：** 陈皮1小块｜山楂片少许

**营养成分**　热量 **95** 千卡

| 碳水化合物 | 脂肪 | 蛋白质 |
|:---:|:---:|:---:|
| **23**克 | **0**克 | **2**克 |

山楂开胃，洛神花养颜，陈皮健脾，三种食材混合在一起不仅颜色漂亮，还有养生功效，让你不知不觉多喝下几杯水。

# 做法

1 陈皮和山楂片用清水冲洗去表面的浮尘，放入玻璃茶壶中。

2 将洛神花也放入壶中，注入足量热水。

3 小火慢煮约10分钟，使各种食材的味道完全释放出来。

4 滤去各种食材，放至温热就可以饮用了。

**烹饪秘籍**

陈皮根据存储时间不同分为三年陈、五年陈和十年陈，陈皮越陈越香，越久越珍贵，价格也相应增加。自己在家里制作，不用买太贵的，合适就好。

一口喝掉整个夏天

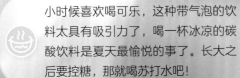

# 荷兰小黄瓜苏打

🕐 10分钟　🍴 初级

小时候喜欢喝可乐，这种带气泡的饮料太具有吸引力了，喝一杯冰凉的碳酸饮料是夏天最愉悦的事了。长大之后要控糖，那就喝苏打水吧！

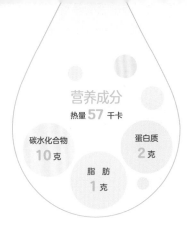

**营养成分**

热量 **57** 千卡

碳水化合物
**10** 克

蛋白质
**2** 克

脂　肪
**1** 克

主料：荷兰黄瓜1根｜青柠檬1个｜黄柠檬1/2个

辅料：苏打水1瓶｜冰块适量

# 做法

1 荷兰黄瓜洗净，用刮刀刮成薄片，取2片最完整、形状最好看的备用。

2 剩余的荷兰黄瓜榨成汁。

**烹饪秘籍**

黄瓜的味道超级清新，特别适合炎炎夏日里饮用。如果家里种了薄荷，也可以摘几片薄荷叶加入杯中，做成一杯无酒精莫吉托。

3 青柠檬和黄柠檬洗净，横着切薄片。

4 取一个较高的玻璃杯，将预留的2片荷兰黄瓜贴在杯壁上。

5 杯中盛入1/4杯冰块，放入几片柠檬，再盛入1/4杯冰块。

6 倒入15毫升黄瓜汁，然后倒入苏打水即可。

治愈系特调

# 葡萄柚绿茶

🕐 10分钟　🥄 初级

葡萄柚水分饱满，果肉柔嫩，富含维生素C，在空闲的日子里，花一点时间做一杯葡萄柚特饮，一定会治愈你的疲惫。

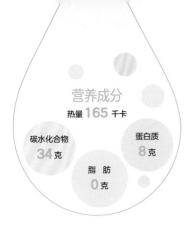

## 营养成分

热量 **165** 千卡

碳水化合物
**34** 克

蛋白质
**8** 克

脂 肪
**0** 克

**主料：** 葡萄柚1个

**辅料：** 绿茶2汤匙 | 冰块适量 | 盐1茶匙

# 做法

1 取一个葡萄柚，用盐搓洗表皮，然后用清水冲洗干净。

2 在葡萄柚中间最饱满的地方横向切开，切出两个薄薄的圆片。

**烹饪秘籍**

葡萄柚果肉酸甜可口，果皮和白色筋膜部分却很苦涩。为了不影响口感，榨汁时要尽量不将外皮析出的汁水带进去。

3 将剩余的两半葡萄柚用工具挤压出汁，混入少许果肉也没关系。

4 绿茶用约85℃的热水浸泡出茶汤，两三分钟后将茶叶滤出。

5 取一个宽口的玻璃杯，将葡萄柚薄片贴在杯壁上。

6 放入1/3杯冰块，然后倒入葡萄柚汁和绿茶即可。

与众不同的味蕾体验

# 苹果肉桂茶

🕐 10分钟　🔪 中级

**主料：** 苹果2个 | 肉桂枝1根
**辅料：** 肉桂粉少许 | 冰糖少许

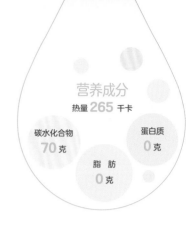

营养成分
热量 265 千卡
碳水化合物 70 克
蛋白质 0 克
脂肪 0 克

肉桂可以补元阳、暖脾胃，是中医经常用来治疗疾病的药引子之一。这道肉桂苹果茶，有浓郁的果香味，好喝又暖胃。

## 做法

1 苹果洗净，去核后将果肉切丁；肉桂枝洗净。

2 将2/3的苹果丁榨成果汁，留下少部分苹果丁待用。

3 取苹果汁倒入锅中，加入少量温开水和冰糖，开中火煮约2分钟。

4 放入苹果丁和肉桂枝，加盖煮约5分钟，保持锅中的果茶温度始终处于沸点以下。

5 出锅前根据个人口味加入少许肉桂粉即可。

**烹饪秘籍**

苹果不宜煮太久，温度也不宜太高，否则会越煮越酸，影响茶饮的味道。

# 超模最爱的健康果蔬汁

## 青苹果羽衣甘蓝汁

🕐 5分钟　　🍴 初级

**主料**：羽衣甘蓝50克
**辅料**：青苹果1个

**营养成分** 热量 **133** 千卡

| 碳水化合物 | 脂 肪 | 蛋白质 |
|---|---|---|
| **25**克 | **0**克 | **3**克 |

超模、明星和健身爱好者们都喜欢羽衣甘蓝，因为它含有丰富的维生素和铁、磷、钙等物质，是一种低热量、高营养的食材。

# 做法

1 羽衣甘蓝洗净，沥干。

2 顺着叶片的脉络将中间的硬梗撕去，叶片部分留下备用。

3 青苹果洗净，去掉中间的果核，切成大块。

4 青苹果和羽衣甘蓝放入榨汁机，倒少量水，打成果蔬汁即可。

**烹饪秘籍**

榨好的羽衣甘蓝汁容易氧化，一接触空气就好像没那么青翠了，因此要搭配青苹果、绿猕猴桃或者青柠檬这些维生素C含量较高的食材，既可以增加风味，又能补充营养。

# 夏日提神冰饮

## 冷萃冰滴咖啡

🕐 10分钟　　🔧 初级

**主料**：咖啡豆30克
**辅料**：清水250毫升

营养成分　热量 **94** 千卡

| 碳水化合物 | 脂肪 | 蛋白质 |
| :---: | :---: | :---: |
| **21**克 | **3**克 | **5**克 |

没有专业器具也可以做冰滴咖啡，连开水都不用，混合、等待、过滤，就是这么简单。在冷萃的低温方式下，咖啡风味更纯净和独特，降低酸味，入口更加甘甜。

# 做法

1 将咖啡豆用研磨机中粗挡位研磨成像砂糖般大小。

2 将咖啡粉和清水倒入密封瓶，轻轻搅拌使其混合均匀。

3 盖上盖子，放入冰箱冷藏6小时以上，或者静置一夜。

4 取出后将咖啡渣滤去即可。

## 烹饪秘籍

做冷萃咖啡一定要用烘焙好的咖啡豆现磨成咖啡粉，这样做出的咖啡香气最为浓郁，千万记得不是用速溶的咖啡粉哦。

一粒糖都不加

# 红茶拿铁

🕙 10分钟　　🍴 初级

**主料:** 英式伯爵红茶适量
**辅料:** 冰牛奶150毫升

**营养成分** 热量**162**千卡

| 碳水化合物 | 脂肪 | 蛋白质 |
|---|---|---|
| **19**克 | **6**克 | **10**克 |

红茶拿铁好喝又好做，完全不需要再去外面买奶茶了。即使选择无糖奶茶也难以避免糖分摄入，还是自己在家做的饮品更健康。

# 做法

1 用沸水将伯爵红茶冲泡开，稍微焖煮使其释放出茶色和茶香。

2 杯子装入150毫升冰牛奶，用搅拌棒搅打约20秒，打出奶泡。

3 用滤网将红茶的茶叶片滤去，将茶汤倒入杯中。

4 将打好的牛奶也倒入杯中，浓密的奶泡留在最上方即可。

**烹饪秘籍**

叶片状的茶叶不如茶包泡出来的味道厚重，可以用一个干净的小汤锅，将红茶放入焖煮几分钟，茶的口感会更浓郁。

## 吃出健康系列

西餐轻松做

懒人下厨房

烤箱料理

好吃又懒做

懒人快手营养早餐

懒人下厨房系列

懒人下面条

花样烤箱料理 快捷 营养 美味

懒人健康菜

烤着吃才香

烤箱轻食

懒人快手做一餐

早午餐 Brunch

米饭最佳拍档

米饭爱小炒

烘焙精华

好汤好菜

意面和比萨

不可一日无肉

家常美食系列

零失败家常菜

回家吃饭

一碗好酱 一桌好菜

蒸炖煮一本全

鱼 我所欲也

原汁原味好吃蒸菜

清粥小菜

麻辣鲜香煲嘴川菜

花样主食

爱吃馅

野餐食尚便当

缤纷饮品

日料与韩餐

炒饭炒面

在家吃火锅

面包上的100种早餐

果汁 果酱

凉菜凉面

调好味做好菜

用对锅做好菜

**图书在版编目（CIP）数据**

萨巴厨房. 减糖料理 / 萨巴蒂娜主编. —北京：中国轻工
业出版社，2021.8

ISBN 978-7-5184-3523-4

Ⅰ.①萨… Ⅱ.①萨… Ⅲ.①减肥—食谱 Ⅳ.① TS972.12

中国版本图书馆 CIP 数据核字（2021）第 101189 号

责任编辑：王晓琛　　　　责任终审：李建华　　整体设计：锋尚设计
策划编辑：张　弘　王晓琛　责任校对：晋　洁　　责任监印：张京华

出版发行：中国轻工业出版社（北京东长安街6号，邮编：100740）

印　　刷：北京博海升彩色印刷有限公司

经　　销：各地新华书店

版　　次：2021年8月第1版第1次印刷

开　　本：710×1000　1/16　印张：12

字　　数：200千字

书　　号：ISBN 978-7-5184-3523-4　定价：49.80元

邮购电话：010-65241695

发行电话：010-85119835　传真：85113293

网　　址：http://www.chlip.com.cn

Email：club@chlip.com.cn

如发现图书残缺请与我社邮购联系调换

181158S1X101ZBW